A Guide to the Methodologies of Homeopathy

개정2판

동종의학 분석 및 처방 가이드

Ian Watson 저
김정곤 옮김

KOREA 고려의학

Original title: A Guide to the Methodologies of Homeopathy

개정2판

동종의학 분석 및 처방 가이드

A Guide to the Methodologies of Homeopathy

개정판에 대한 서문

이 책이 처음 출간된 이래로 9년간에 걸쳐서 1만부가 판매되었다는 사실이 믿기지 않는다. 광고를 전혀 하지 않았지만 개인적인 추천만으로 영국과 해외에서 꾸준하게 판매되고 있다. 이 책을 타인에게 권해준 모든 사람들께 감사드리고 싶다.

개정판을 내게 된 우선 동기는 초판 전반에 걸쳐서 아직도 Kent's Repertory 사용을 추천하고 있었다는 사실에 당혹감을 느꼈기 때문이다. 많은 사람들이 알고 있는 것처럼, 위의 책은 10년 전 즈음에는 어느 정도는 쓸모가 있었던 것이었다. 그러나 그 이후로 출간된 많은 우수한 책들로부터 우리는 상당한 혜택을 받고 있다. 나는 아직도 간혹 Kent's Repertory를 마스터하려고 노력하는 학생들을 만난다. 이러한 사실로 인해 나는 이 책을 부주의하게 추천했다는 생각을 끊임없이 하게 됨으로써 곤혹스러움을 느껴왔다. 이번 새로운 개정판을 내게 된 연유는 기록을 정돈하고, 책 크기도 가능한 줄이고, 최근에 경험한 방법론을 몇 가지 더 소개하려는 의도에서였다.

초판에 크게 변화를 준 것은 거의 없지만, 곳곳을 갱신하였으며 간혹 해석을 몇 군데 추가하였다. 저자는 초판이 얼마만큼이나, 개인적인 견지에서는, 세월의 검증을 견디었는가를 깨달았을 때 놀라게 된다. 개정판에서는 초판의 내용에 완전히 새로운 Chapter를 몇 가지 추가하였으며 내용을 알파벳 순서로 정렬하여 새로운 형식을 가지고 있다는 것이 큰 변화이다.

들어가는 글

동종의학사들이 하는 대화를 듣게 되는 의사들은 마치 화성인들이 우연히 축구 중계방송을 듣는 경우와 매우 흡사하다. 나의 목표들 가운데 하나는 이들의 이해수준과 전문지식에 상응하는 적절한 방법에 의해 동종의학이 선택되고 사용되는 것이다.

예를 들어, 타박상이 무엇인지 알고 있는 사람은 Arnica를 어떻게 그리고 언제 사용하는지 알아야 한다. 응급 처치 훈련을 받은 모든 사람들은 Aconite, Hypericum, Rhus toxicodendron, Opium, Ruta, Symphytum 등 몇 가지 치료제의 사용시기를 더불어 알고 있어야 한다. 조산사들은 이외에도 Caulophyllum. Ipecacuanha, Sabina, Pulsatilla 등의 치료제의 사용시기를 알고 있어야 하며, 외과의사들은 Bellis perennis, Calendula, Staphysagria, Strontium carb. 등을 사용하는데 어려움이 없어야 한다.

많은 동종의학 교수들과 전문가들 가운데 최고의 수준으로 (그리고 가장 어렵게) 동종의학을 가르치고자 하는 희망이 우세하다. 이에 동감은 하지만, 이 목표에 집착하는 것은 동종의학을 널리 발전시키는데 양성적인 방해물이 될 수 있다고 나는 믿고 있다. 이것을 당장이라도 활용할 수 있는 많은 수의 사람들이, 동종의학을 이해하기 위해서는 엄청난 노력과 실력이 필요하다고 여기기 때문에, 이를 사용함에 있어서 방해를 받고 있다.

동종의학에 관심을 가지고 있거나 그 기본 원리를 알고 있는 사람들이 많은 적용증들 가운데 하나라도 더 배울 수 있는, 그리고 더 중요한 것은, 환자 치료에 있어서 배운 바를 활용하는데 자극제가 되었으면 하는 바람으로 이 책을 썼다.

이 책에 기술된 모든 방법들은 임상경험으로부터 얻어진 상당한 치유결과들로부터 그 가치가 입증된 것이다. 저자의 경험으로 지지할 수 없는 방법은 가능한 배제하였다. 현존하는 동종의학 문헌들에는 이미 오래되었거나 간접적인 정보가 많이 포함되어 있기 때문이다.

이 책의 주요 목적은 독자들로 하여금 임상에서 'The principle of similars'을 적용함에 있어서 다양한 방법들의 단면을 보여 주고자 함이다. 동종의학이 간결하고 확실한 의학이라는 의식을 가지고 있는 사람들에게 혼동을 주려는 의도는 없다. 다만 진료 자나 모든 수준의 학생이 자신들의 한계 그리고 현재 상태의 한계를 극복하여 처방 시야를 넓히도록 용기를 북돋우어 주고자 함이다.

이 책에서 사용된 약자

b.d.	twice daily
t.d.s.	three times daily
q.d.	four times daily
p.r.n.	as required
h.	hour (e.g. 2h = every '2 hours')
s.d.	single dose
c.s.d.	collective single dose
dps	drops
ø	mother tincture
ext.	externally

목 차

개정판에 대한 서문 — 5
들어가는 글 — 6

1_ Aetiology • 11

2_ Arborivital Medicine • 23

3_ Constitutional Prescribing • 29

4_ Genus Epidemicus • 47

5_ Group Analysis • 51

6_ Intuitive Prescribing • 59

7_ Isopathy • 69

8_ Layers • 77

9_ Miasmatic Prescribing • 93

10_ Organ Remedies • 105

11_ Physical Generals • 123

12_ Polypharmacy • 137

13_ Repertorisation • 147

14_ Sequential Prescribing • 161

15_ Specifics • 171

16_ Symptom Similarity • 175

17_ Tautopathy • 191

18_ Thematic Prescribing • 201

19_ Therapeutics • 211

20_ 참고문헌 • 221

번역후기 — 225

Aetiology

정 의

Aetiology = 'the assignment of a cause'.

이 처방은 현재 증상 보다는 과거의 육체적·정신적 외상, 질환, 혹은 사건에 일차적으로 바탕을 두고 있다. 즉 과거의 외상과 현재 상태 사이의 원인-결과 관계가 강할수록, 원인론적 처방에 무게를 두게 된다.

A. Direct Aetiology

선행된 외상과 현재 증상 사이에 명확하고 직접적인 관계가 있으면, 증상이 얼마나 오래 지속되었는가는 상관없이 처방할 수 있다. 예를 들어, 환자가 "3년 전에 머리를 다친 뒤로부터 두통이 재발되어 왔다"라고 말하면 이것은 직접 원인 론이다. 이런 경우에는 우선 "Head injury" remedy를 찾아보고 현재 증상을 이용하여 그 그룹에 속하는 치료제(Arn, Nat-s, Cic. 등.)를 분별한다. Kent's repertory에는 많은 Aetiological rubrics가 있으며 이곳에는 비애, 경악, 슬픈 소식, 예방접종, 외상, 중독 등의 특이한 외상에 의해 발생된 질환을 치유하는데 이미 임상 경험에 의해 확증된 명성을 지닌 약물들이 들어있다. 이와 같은 적절한 rubric은 직접적 원인이 드러나는 경우에 좋은 출발선이 된다.

더욱이 원인과 결과 관계가 매우 명확할 경우, 특히 다른 뚜렷한 증상들이 없는 경우에는, 원인론은 처방의 근거로서 증상론을 완전히 무시할 수도 있다. 사실 Aconite, Arnica, and hypericum과 같은 'Trauma remedies'는 proving에서 전혀 나타나지 않았던 많은 증상과 질환을 치료해 왔다.

처방방법

직접적 원인의 경우에는 3가지 처방 방법이 있다. 처방은 원인 자체, 증상 자체, 그리고 원인과 증상 병합에 기초를 둘 수 있다. 언제든지 가능만 하다면 3번째가 가장 신뢰 있는 방법이기는 하지만, 확증된 원인론을 가졌다고 알려진 치료제가 있다면 Etiology는 출발선으로 사용되어야 한다.

만일 그 치료제가 원인론을 가지고 있지 않고 증상들만을 기초로 처방 된다면 그 치료제가 질환을 완치시킬 수도 있겠지만 대개는 보존적 치료에 그치고 말 것이다. 그리고 증상을 고려하지 않고 원인론만을 고려한 치료제 처방은 대개 극적으로 완치 시키거나 혹은 아무 효과가 없다. 치료는 대개 치료제가 원인론과 증상 유사성을 포함할 경우에 결과적으로 일어나게 된다.

위의 경우를 묘사하기 위하여, 두부 외상 후에 발생한 경련성 질환의 경우를 가상해 보자. 증상들은 다음과 같다.

Convulsions epileptiform
worse from excitement
worse from being touched
with opisthotonos

이 경우에 증상론만 포함하는 치료제는 Belladonna가 될 수 있지만, Bell.는 두부 외상에서 기인하는 증상・질환을 치료하는 것으로 알려져 있지 않다. 비록 Bell.가 증상을 일시적으로 완화시킬 수는 있겠지만 완치로 이끌 수 있을 지는 확실하지 않다. 원인론을 가지고 있지만 증상론이 없는 치료제는 Arnica가 될 수 있다; 이것 역시 완치시킬 수 있는지는 모른다. 만일 'Head Injury, Ailments after'라는 원인론을 출발선으로 한다면 고려해야 할 치료제로는 Arnica, Cicuta, Hypericum, Natrum mur, and Natrum sulph가 있다. 이들 가운데 증상에 가장 유사한 치료제는 Cicuta이며 다른 치료제들보다 치료 가능성이 훨씬 높을 것이다.

직접 원인론에 근거한 처방은 대개 30C 이상의 중간 혹은 고강도의 치료제를 한번 처방(Single Dose) 하게 되며 이 치료제가 치유적으로 작용하게 되면 치료 반응은 대개 분명하고 명확하게 일어난다. 만일 어떤 이유로 저강도 치료제를 선호하게 되었다고 해도 치료가 일어날 수 있지만 장기간에 걸쳐서 자주 복용해야 될 필요성이 있을 수 있다.

사 례

한 여성이 4일간 지속된 독감 유사 증세를 호소했다. 주 증상은 전두부 둔통, 구역질과 식욕상실; 전반적 무기력; 사지 통이었다. 이 모든 증상은 많은 치료제에 흔한 것들이었고, 독감 증상에서 흔히 볼 수 있는 것들이어서 큰 가치가 없으므로 처방에 제한을 받았다. 증상의 시작 시점에 대해서 좀더 질문한 결과로써 증상들이 육체적인 손상이 없었지만 심리적 충격이 있었던 경미한 교통사고를 당한지 수 시간 내로 일어났음을 알아냈다. 증상을 무시하고 'Ailments from fright'라는 직접 원인론을 근거로 Aconite 200c를 처방했다. 그녀의 모든 증상들이 수 시간 내로 사라졌다고 알려왔다.

가끔은 직접 원인론적 방법이 다른 방법론으로는 치료하기 어렵다고 입증된 사례를 간단 화시킬 수 있다. 저자가 경험한 사례 중 한 가지는 악성으로 진단된 유방 종양을 가진 50대 중반의 여성의 경우이다. 자연적으로 그녀는 심한 불안 상태에 있었으며 수주내로 유방 수술을 하기로 되어 있었다. 상담하면서 저자는 그녀의 건강은 일반적으로 양호했으며 강한 체질을 가지고 있음을 알았다. 유방에 심한 타박상을 받은 이후로 종양이 진행되어 왔음을 알아냈다. 타박상이 가라앉으면서 외상을 입은 그 자리에 몽우리가 모습을 드러냈다. 양호한 건강 상태에 있던 사람이 이와 같은 분명한 원인론을 가지고 있다면 동종의학 치료를 한다면 좋은 예후가 있을 것이라고 느꼈다.

동종의학 고문헌에 따르면 이 경우에는 단지 2가지 치료제 - Bellis perennis and Conium 만이 외상에 기인한 종양을 치료할 수 있다는 사실을 알게 되었다. 그러나 현재 증상으로는 분별이 불가능하여 저자는 우선 Bellis 6 t.d.s를 2주치를 처방했다. 복용 수일 내에 손, 얼굴, 눈에 참을 수 없는 가려움증이 발생해서 환자는 치료제 복용을 중단했다. 가려움증은 즉시 없어졌지만 몽우리는 전혀 변함이 없었다.

저자의 분석으로는 이 경우에서의 악화는 a partial proving of Bellis 이었다. 이유는 어떠한 치유 결과도 얻을 수 없었고 가려움증도 예전 증상이 돌아온 경우가 아니었기 때문이었다. 수술 날짜가 며칠 남지 않았기 때문에 나머지 남은 카드인 Conium을 처방하기로 결정했다. 약품 상자에는 Conium 6c 와 Conium CM이 있었는데 이 두 가지가 사용할 수 있는 전부였다. 환자와 나는 밑져봐야 본전이라는 생각이 있었으며 환자는 드디어 수술을 취소했고 나는 숨을 죽이고 Conium CM, one dose를 주었다. 결과는 다음과 같다. 수일 후 환자는 마음을 바꾸어 수술을 받으러 갔을 때에 종양을 찾을 수 없었다. 그것은 동종의학에 대해서 환자에게는 인정, 외과의사에게는 실망, 그리고 나에게는 환희였다.

B. Hidden or Suppressed Aetiology

일부의 경우에서는 외상과 질환 이미지 사이에 명확한 원인-결과가 동시에 존재할 수도 있지만, 시간이 오래 경과했거나 증상억제 치료의 결과로서 그 관계가 불명료해지게 된다. 분명한 처방 이미지를 보이지 않거나 증상론에 따라서 처방된 치료제가 증상 완화작용만 하는 어려운 경우로 나타날 수 있는 것이다. 이러한 경우에는 문제의 근원을 찾아 혹시 간과된 숨은 원인론이 있는지 주의 깊게 살펴보아야 한다. 만일 원인론이 발견된다면, 존재해 왔던 증상과 원인론에 따른 처방된 치료제가 질환을 완치시킬 수 있을 것이다.

사 례

이 방법의 가장 좋은 예로는 Tyler's Homeopathic Drug Pictures에 있는 Mezereum에 대한 묘사에서 찾아 볼 수 있다. 저자는 Carroll Dunham에 의해 Mezereum 30으로 치료된 Deafness의 사례를 들고 있는데, 처방은 예전에 수년 동안 억압적 치료를 받아 거의 흔적이 없는 피부 발진에 근거를 두고 있다. 분별되는 증상이 없는 청각장애는 무시하고 그전에 발생한 피부 발진에 대한 자세한 내용을 알아내고, 비록 현재는 완전히 숨겨진 것들이지만, 최초의 본래 증상에 가장 유사한 치료제를 찾아내었다. Mezereum이 후향적으로 처방되었고 적합한 치료제임이 증명 되었다.

개인적으로 좋아하는 연구할 가치가 있는 다른 예가 있는데 Dr. Allen에 의해 쓰여진 Materia Medica of The Nosodes에 있다. 이것은 Dr. Wesselhoeft에 의한 최선의 처방에도 불구하고 실패한 발기부전 사례이다. 환자는 마침내 대가인 Adolph Lippe를 찾아갔다. Lippe는 조심스러운 질문 끝에 그 남자 환자가 10년 전에 디프테리아에 걸린 적이 있었는데 이 때에 이종치료를 받았으며 그 이후로도 완전히 회복되지 않았음을 밝혀냈다. 그 환자의 디프테리아에 의한 공격 특징은 목의 한 편에서 다른 편으로 이환 되었으며 그 후에 다시 원래 위치로 돌아갔다. 이런 Keynote와 디프테리아에 의해 직접적으로 환자의 문제점이 진행되어 왔다는 추측적 사실에 근거하여 Lippe는 Lac caninum CM을 처방 했고 환자의 발기부전과 다른 모든 증상을 치유했다.

저자가 8살 된 여아를 치료한 적이 있는데 환아의 증상은 headaches, catarrh, adenoids and partial deafness이였다. Symptomatic and miasmatically indicated remedies는 거의 반응이 없었다. 그래서 과거에 있었던 외상에 대해서 보다 근접적으로 질문했다. 환아가 애기였을 때 뇌진탕을 입어 왔으며, 3년 전에는 떨어져서 팔 골절을 입었으며, 1년 전에는 떨어져서 안면 손상을 입었으며, 최근에는 계단 전체를 따라서 굴러 넘어져지는 도중에 머리를 부딪쳤다는 것이 밝혀졌다. 이것을 바탕으로 Arnica 10M, single dose 처방하였으며 모든 증상은 관해 되었다. 그리고 더욱이 그 여아는 좀 더 신중하게 다니게 되었다. 저자는 Indicated remedies가 작용에 실패했을 때 육체적 외상, 특히 겸자분만, 경력이 있는 어린이들에게 Arnica를 성공적으로 사용하여 왔다.

C. Indirect Aetiology

여기에는 2 types가 있다.

첫 번째는 특정환경, 가족동태, 혹은 다른 어떤 생활 혹은 근무 상황에서 장기간 처해 있을 때 그 자체가 건강 수준을 낮추게 되어 결국 질병 이환에 기여하게 된다. 예를 들면, 간혹 학교에서 괴롭힘을 당하고 있던 민감한 어린이가 타인에게 말하는 것을 두려워하게 되었고, 점차 자신감을 상실하게 되었으며, 그리고 지금은 소심함과 새로운 상황에 대한 공포로 고통을 겪고 있다. 현재 상태가 단일 사건으로 인한 직접적인 결과라면 그것은 직접 원인론이 된다. 아마도 'Ailments from fright' or 'Ailments from mortification'을 적용하면 될 것이다. 하지만 Cause and Effect 관계가 그렇게 명확하지 않다면, 위의 사례에 있어서 현재 증상은 그 동안 기여해온 환경적 요인을 고려하여 처방하는데 좀더 신뢰성 있는 안내자 역할을 할 것이다.

두 번째는 일정 시기에 질환을 앓거나 수술을 받은 환자들이라면 비록 그들이 완전하게 회복하는 것처럼 보이지만 전반적인 건강 상태는 낮아졌다. 결과적으로 이들은 새로운 질환에 잘 걸리게 되고 수주 혹은 수개월에 걸쳐 증상이 지속되기 시작한다.

예를 들면, 십대시기에 glandular fever에 걸린 여성을 치료한 적이 있는데 그 당시에는 병으로부터 완전히 회복되는 것처럼 보였다. 하지만 수개월에 걸쳐서 그녀는 점차 감기와 독감에 자주 시달리게 되었고, 걸릴 때마다 전번보다 좀더 많이 쇠약하게 되었다. 다음해에 감기가 흉부까지 내려와서 연달아 3번 Bronchitis로 고통을 겪었다. 주목할 점은 그녀가 가진 문제점들이 glandular fever의 직접적인 결과물이 아니라는 것이다. 원래의 질환으로 인해 남아있던 쇠약함이 마침내 새로운 건강 문제로 나타나게 된 것이다.

Indirect Aetiology가 있는 경우에는 대개 시간이 많이 지난 뒤에 새로운 문제점이 나타나게 되는 반면에, Direct Aetiology의 경우에는 좀

더 빨리 건강상의 변화를 발생시키게 된다. Indirect Aetiology에서는 현재의 증상이 본래의 스트레스 보다는 처방 목적에 있어서 우선권이 있지만, 만일 스트레스 상황을 알게 되었다면 치료제를 확증하는데 가끔은 도움이 될 수 있다. Constitutional prescribing에서 종종 아동기의 환경이나 사건이 총체적으로 받아들여져서 약물을 확증하는데 도움이 된다. 예를 들면, 기질적으로 Aurum이 요구되는 많은 성인 환자들은, 부모로부터 성공에 대한 압박을 받아 왔거나 혹은 부모의 총애를 받은 형제를 따라 잡기 위해 항상 노력해 온 것으로 밝혀졌다.

D. Multiple Aetiologies

만성질환은 가끔은 병력상 Multiple Aetiologies를 가지고 있으며, 각각의 원인론은 Picture에 무엇인가를 더하게 되고 결국은 치료를 위해 그 자체를 드러내게 된다. Chronological sequence of events를 보여 주는 Timeline이 그려진다면 이런 사례들을 이해하고 치료하는데 도움이 된다. (see Layers)

특정 약이나 독소가 현재 증상을 나타나게 한 경우에, 적절한 치료제를 찾을 수 없거나 반응을 하지 않는다면 Tautopathic prescription이 종종 큰 도움이 된다. (see Tautopathy). 특정질환이 Never-been-well-since situation을 남겼다면, 이것은 Acquired Miasm이라고 본다. (see Miasm).

모든 동종의학 고문서 중에서 저자가 가장 좋아하는 사례들은 처방의 근거로써 Multiple Aetiologies를 아주 멋지게 묘사한 것들이다. 1924년에 'The homeopathic World'에 최초로 기고되었는데 Clarke's Prescriber - pages 55-58 - 에 재인쇄 되어 있다. 여기서 자세한 이야기를 하지 않을 것이지만 독자들이 참고 문헌을 찾아서 사례들을 면밀하게 연구해 보기를 바란다.

Repertory Updates

Symptom-similarity를 바탕으로 처방 된 약물이 특정 외상으로부터 기인된 상황을 치료했다면, repertory book안의 적절한 rubric에, 만일 이미 그곳에 없다면, 첨부하는 것이 중요하다. 예를 들면, Antimonium tartaricum이 예방접종 후에 발생한 어린이들의 몇 가지 병리적 상태를 치료한 것을 보아왔다. 그러므로 저자는 이 약물을 'Vaccination, ailments after' rubric 아래에 첨부했다.

또한 우리는 20세기 생활방식에 특이한 스트레스나 외상에 관련이 있는 현대적인 새로운 new aetiological rubrics을 창조해내야 한다. 저자의 repertory에 들어가 있는 그와 같은 한 가지 예는 'contraceptive pill, ailments after'이다. 그곳에는 Arnica, Folliculinum, Natrum mur, Pulsatilla, and Sepia 가 포함되어 있으며, 이 모든 약물들은 그와 같은 상황에서 저자가 임상적으로 증명해왔던 것들이다. 그리고 다른 약물들도 첨부 될 수 있을 것이라고 확신한다.

이상적으로는 우리 스스로 임상정보를 가져야 한다. 이 정보 축척에 모든 치료자가 공헌 할 수 있으며, 축적된 정보로부터 모든 사람들이 엄청난 혜택을 누릴 수 있다. 그렇게 하지 않는다면, 우리 세대에 관련된 평가할 수 없을 만큼 귀중한 대부분의 자료들이 영원히 사라질 것이다.

Further Reading

Dr. Eswara Das & Dr. Radha
Synopsis of Homeopathic Aetiology - A Complete Work on Causation
World Homeopathic Links, New Delhi-l 10055, India

D.M. Foubister
Tutorials in Homeopathy
Beaconsfield Publishers, Beaconsfield, England

Dr. P. Sankaran
The Importance of Aetiology in Homeopathy (A Symposium)
Homeopathic Medical Publishers. Santa Cruz. Bombay

Arborivital Medicine

정 의

이 명칭은 arbor(tree)와 vita(life)라는 단어에서 기원한다. R.T. Cooper 1844~1903)에 의해 소개된 이 방법은 신선하게 준비된 식물성 원액을 single-drop dose로 처방하는 것이다.

현재까지 저자가 아는 바로는, 이 방법은 간과되어 현재는 사용되지 않고 있지만, Cooper와 그의 아들 Dr. Le Hunte Cooper에 의해 얻어진 일부 결과를 보면 이 방법은 재고되어야 한다고 생각한다.

배 경

이 방법은 다음과 같은 Cooper의 가정을 바탕으로 하고 있다. 치유작용은 모든 살아 있는 식물체의 고유한 특징이다. 그리고 이것을 사용하기 위해서 분쇄, 진탕 혹은 희석을 필요로 하지 않는다. Cancer and Cancer Symptom 이란 소책자를 통해서 그는 다음과 같이 말하였다. "나는 식물 치료제 안에 어떠한 힘이 존재하는 것을 발견했다. 이상하게도 하네만은 이것을 인지하지 못하였다. 이 힘은 인체 내의 성장력과 모든 면에서 유사하므로 작용하게 된다."

Cooper는 식물에 분명히 존재하는 성장력과 인체내의 종양 성장에서 나타나는 이와 유사한 힘 사이에서 공통성을 이끌어 냈다. 위의 2가지는 모두 성장에 필요한 알맞은 토양을 요구하는 잠재력을 나타난다. 치료 방법은 상응하는 2가지 힘을 인체 내에 모으는 것인데, 그가 발견한 바로는, 이 힘들이 치유적인 결과를 발생시키는 것이다. 이런 점들이 바로 '유사성의 법칙'의 정교한 적용이라고 하지 않을 수 없다.

원액 준비와 사용

Cooper는 일반적인 동종의학적인 원액이 사용될 수 있지만 그의 경험에 비추어 보면 다른 방법으로 만들어진 원액이 single-drop dose로 복용했을 때 훨씬 효과가 있는 것 같다고 했다.

그는 다음과 같은 치료제 준비 방법을 개발했다. 먼저 살아 있는 식물을 취한 다음, 가능하면 활짝 개화했을 때, 꽃이 핀 줄기를 약간의 잎사귀들과 함께 품질 검사가 된 투명한 약병에 잠기게 한 다음, 손가락 사이로 가볍게 으깬다. 만일 가능하다면, 그 약병을 직사광선에 있는 곳에다가 두고 원래의 약초 색깔에서부터 퇴색할 때까지 거기에 두는데 최대 한 시간 정도면 충분하다. 태양 광선에 대한 노출

유무와는 상관없이, 식물 재료를 제거한 다음, 약병에 코르크 마개를 하게 되면, 치료제를 드디어 사용할 준비가 된 것이다.

그는 가끔 발아하는 어린 줄기나 가지를 알코올에 담가 원액을 준비한다. 그리고 그는 이 방법이 잠재적인 치료 능력을 끌어낼 수 있는 보다 우수한 방법이라고 간주했다. 이 방법으로 만들어진 치료제를 태양광선에 노출시켰을 때는 'Heliosthens'라고 칭한다.

Cooper는 single-drop dose 형태로 복용 된 치료제는 완전하게 작용할 수 있도록 기다려야 한다고 주장한다. 이 후에는 재 처방이 가능하다. 대개 원액 한번 복용 정도에 해당하는 가루 형태로 치료제를 조제했다. 이 치료제는 공복 시에 혀 위에서 건조된 상태로 복용한다. 복용 후에는 그 치료제 대한 어떠한 반응이라도-치료되는 임상증상인지, 심화 현상인지, 혹은 proving 형태인지, 특별한 감각으로 세심하게 기록을 했다. 이렇게 축적된 데이터는 그로 하여금 이전에 거의 알려지지 않은 수많은 치료제의 임상 그림을 완성할 수 있도록 도와주었다. 이들 대부분은 3권으로 된 Clarke's Dictionary of Practical Materia Medica에 기록되어 있으며 처음 글자를 따서 만든 R.T.C 가 바로 이 종류의 치료제이다.

처방 적응증

대부분의 사례에서 Cooper가 얻은 적응증은 미스터리이다. 하지만 그가 자연 현상의 관찰과 Doctrine of Signatures에 주로 의지 했다고 알려지고 있다. 예를 들면, Dr. Skinner가 그에게 Hydrangea가 당뇨병에 유용하다고 말한 것이 기록 되어 있다. 그는 Hydrangea 가 “알려진 것 가운데 가장 갈증이 심한 관목’으로 묘사된 식물학 도감을 참조한 뒤에 Skinner에게 그의 임상적 정보를 확인시켜 주었다. 구름 낀 날씨에는 금잔화가 꽃잎을 닫는다는 것을 관찰하고는 그는 구름이 많거나 흐린 날에 악화되는 청각장애와 다른 증상들의 사례에서 Calendula를 성공적으로 처방 하였다. 그는 또한 ‘Aggravation from damp’이 Lemna minor 에 대한 주 적응증 것을 발견했다. 이 식물은 연못에서 잘 자라는 종류이다. 곁가지 치는 생각에 익숙한 사람들은 동종의학적 Materia Medica가 이런 방법으로 연구 되면 훨씬 더 풍부해 질 것이라는 것을 알게 될 것이다. 그러나 보다 논리적인 사고를 가진 사람들도 일반적인 증상론-유사성에 따라 이 약초원액 형태로 치료제를 처방할 수 있다. 그리고 여전히 좋은 결과를 얻을 수 있을 것이다.

방법 적응증

Cooper는 전통적인 Homeopathy 방법을 포함한, 다른 모든 방법에 의해서도 치료가 불가능할 때 가장 적절하게 사용할 수 있는 것이 바로 약초원액방법이라고 주장했다. 그간 특별히 관심을 두었던 질병 분야는 종양과 만성 청각 장애였다. 그리고 그는 뛰어난 치료 결과를 양쪽 분야에서 획득했다.

암 치료에 대한 그의 해설은 특별히 적절하다. 여기에서 그는 경험을 바탕으로 다음과 같이 기술했다. “모든 형태의 만성질환 가운데 가장 쉽게 반응이 나타나는 것은, 특별히 내부에 있는, 종양이다. 이 종양이 악성일 수도 있고 아닐 수도 있지만, 중요한 것은 일종의 공명 관계이다. 암 세포의 총체적인 생명이 다른 어떠한 유기체의 생명처럼 같은 법칙에 복종한다. 성장 과정에 의해서 존재하게 되었으므로 이와는 유사하지만 길항작용 과정으로 진행시키는 힘에 의해서 사방으로 소산시킬 수도 있는 것이다. 치료의 난점은 이렇게 공명하도록 하는 힘을 찾기가 어렵다는 데에 있다. 그러나 경험이 많은 정원사가 특정 씨앗이 잘 자랄 수 있는 가장 좋은 환경을 알고 있는 것처럼, 경험이 쌓이게 되면 어느 상황에서 질병에 걸린 환자 안에 있는 것이 그의 치료제가 지닌 치유적 에너지와 함께 활동할 것인지를 알게 된다. 나는 이러한 특별한 부류의 질환을 다루면서 치료제를 찾아내는데 거의 어려움이 없었다. 이것이야 말로 모든 면에서 족할 것이라고 생각한다."

지금까지 내가 쓸 원액을 스스로 준비했다. Bellis perennis, Agraphis nutans, Taraxacum등의 몇 가지 약물을 위의 방법으로 만들어서 사용했다. 자세한 임상 결과는 기회가 닿는 데로 발표할 것이다. 이 방법에 대한 흥미는 장차 다시 생길 것이라는 것과 동종의학 치료제 키트 안에 한 자리를 차지 할 것이라는 것이 나의 희망이다.

사 례

다음의 사례는 1899년에 'The Homeopathic World'에 기고된 논문에서 발췌한 것이다.

'한 부인이 22세 된 딸을 데리고 내원했다. 그 환자는 유아 때부터 Hydrocephalus로 고통 받아 왔는데 최근에 악화되었다고 한다. 두부 둘레는 27.5 인치였으며 목덜미에는 커다랗게 부어있는 2개의 혹이 있었다. 그 때에는 흔히 있는 담쟁이덩굴 반응에 대해 관심을 가지고 있었으므로 골연화증의 특정 시기와 관련이 있을 것이라고 결론을 맺고 나는 그 환자의 혀 위로 Hedera helix 한 방울을 떨어뜨렸다.

결과는 거의 놀라운 것이었다. 다음 날 아침에 맑은 액체가 코로부터 떨어지기 시작했고 3주간 지속 되었다. 그리고 동시에 목덜미에 있던 혹도 줄어 들기 시작했다. 분비물이 멈추었을 때 혹도 사라져 버렸다. 분비물이 너무 많아서 하루에 거의 20~30개의 손수건이 필요로 했다. 따라서 두부 크기도 감소하였으며, 13개월 후에 새 모자를 살려고 갔을 때 머리 둘레가 25 인치로 된 것을 알았다.

뇌압 증상이 재발 되는 것 같을 때마다 나는 Hedera, one dose를 처방했다. 두 번째 처방은 완전한 효과를 나타냈으며 그 이후로 성격도 바뀌어서 신경성이고 슬퍼하며 기가 죽은 모습에서 활기 있고, 명랑하고 활동적인 모습으로 되었다. 머리 둘레가 25 인치로 유지되었지만 전혀 불편함을 느낄 수 없었다고 했다.'

Further Reading

R. T. Cooper
Cancer and Cancer Symptoms
Jain Publishing Co., New Delhi, India

Constitutional Prescribing

동의어 : Kentian homeopathy; Classical homeopathy; Centralist prescribing; Essence prescribing

정 의

간단하게 말하자면, 최대한 사람의 모든 면을 고려하여, 육체적, 정신적, 그리고 감정적인 모든 레벨에서 동시에 치료하는 것을 말한다. 'Treat the person, not the disease'라는 표현은 다른 것들 보다는 이 방법에 보다 정확하게 적용할 수 있을 것 같다.

이 표제 아래에는 많은 다른 처방 방법이 있는데 그것들 모두가 부분 보다는 전체를, 질환보다는 환자 자체를 치료한다는 공통적인 맥락을 공유하고 있다. 이번 장에서는 근래에 유행을 얻고 있으며 현재 시대에 특히 잘 맞는 듯하게 보이는 Constitutional Homeopathy에 대해서 언급하게 될 것이다.

전에 비해 훨씬 덜 널리 실행되고 있는 다른 중요한 Constitutional Approach 중에서 무엇보다도 중요한 것은 Physical General Symptoms 인데 이를 'Physical General' 표제아래에 따로 나누어서 다루었다.

서 론

Constitutional Prescribing은 모든 성공적인 동종의학 치료의 기초석이다. 동시에 이 방법은 의심의 여지가 없이 배우기가 너무 어렵고 모든 이에게 도전이 된다, 특히 경험이 없는 의사에게는. 아마도 이 방법을 마스터하기 위해 수년간 연구했을 지라도, 시도한 대부분의 사람들이 실패했을 것이다. 그럼에도 불구하고, 여러 가지 이유로 유용한 다른 방법에 유혹을 당하지 않았다면, Constitutional prescribing은 가장 매력적인 방법이다. 첫 번째는, 얻을 수 있는 결과가 의사나 환자 모두에게 기적에 가깝다는 것이다. 두 번째로는, 이 방법을 마스터 한 사람들은 믿을 수 없을 정도의 개인적인 예술적인 기교를 부려서 그 가치를 떨어지는 결과가 일어나지 않는다. 그리고 마지막으로는, 약물과 환자의 심리적인 성분에 대한 강조는 현대의 문화적 경향과 보조를 충실하게 맞추고 있으므로, 현재에 유행하는 정신적 그리고 심리적인 모델들과 아름답게 조화를 이루고 있다.

Psychosomatic prescribing

The Organon 경구 210~213에 따르면, Hahnemann은 치유적 약물

을 찾을 때에 환자의 정신과 감정 상태의 중요성에 주목했다. 이러한 점은 J.T. Kent(1849~1916)에게 영향을 주어 동종의학의 이러한 분야에 깊게 탐험을 하였으며 이것을 자기 권리로서 하나의 처방 시스템으로 발전시켰다. 이것을 완성하기 위하여 그의 방대한 동종의학 전문지식을 스웨덴의 신비적 인물인 Emmanuel Swedenborg의 가르침과 접목 시켰다.

결과적으로 생겨난 'Kentian' method는 질병은 인체의 가장 깊숙한 지역으로부터 가장 바깥 지역으로 흐른다는 철학적 관점에서 행동한다. 바꾸어 말하면, 사람은 우선 영적, 혹은 정신·감정 레벨에서 질환에 걸렸다고 인지하게 되며, 그리고 이러한 불균형은 비물질적인 생명본체 ('단순 본질')에 고루 퍼지게 되어, 결국은 육체적 레벨에 궁극적인 변화를 일으키게 한다. 그러므로 질환을 치유하기 위해서는, 치료는 같은 방향으로 진행되어야 하며, 처방은 가장 외부에 있는 육체적인 증상 보다는 가장 깊은 곳에 위치한 정신적 감정적인 상태에 목표를 둔다. 이 모델의 한계 내에서 보면, 질환 혹은 육체적 장기의 국소 증상에 의존한 처방은 억압적인 결과를 가져온다. 즉, 이러한 처방은 환자에게는 전반적으로 치명적인 처방이 될 것이라는 것이다.

Hierarchy of Symptoms (증상의 서열)

Case taking이 완전하게 이루어지면, 특징적으로 간주되는 증상들은 (see Symptom chapter) 다음의 서열 순서에 따라서 중요도에 있어서 등급이 매겨진다.

First ; Mental and Emotional symptoms (Kent는 증상이란 의지와 관련되는 것으로 간주하여, 감정이 가장 중요하고; 이해력이나 지능이 그 다음; 기억력과 관련된 증상은 가장 마지막으로 중요하다고 생각했다.)

Second ; Physical General Symptoms (인체 전반에 영향을 주는 증상들 - chilliness, fever, sweat, sleep, sexual function, menses, food cravings & aversions etc.)

Third ; Physical particulars & disease symptoms (특정 장기 부분이나 질환 그 자체에 관련이 있는 증상들 - headache, arthritis, chilblains, coryza, etc.)

가능하면, 처방 될 약물은 정신감정적 상태에 대한 유사성을 포함하고 있어야만 하는데, 정신감정 상태가 기본적으로 질병 원인 인자로 간주되기 때문이다. 명확한 정신 · 감정적 증상이 없다면 Physical General Symptoms이 우선권을 가지게 된다. 질병이나 국소 증상들은 상위 레벨 장애의 마지막 결과로 간주되므로 중요도에 있어서 가장 낮은 서열을 가지게 된다.

Kent's Repertory는 Constitutional prescribing에서 가장 널리 사용되고 있는 도구이며, 특히 Mind section은 언어가 단순하지도 않고 현대적이지 않지만 절대적으로 필요하다. 책의 구조를 이해하게 되고 유연성을 활용하여 책을 사용하면 올바른 약을 찾을 수 있을 것이다.

처방 방법

이 방법에서 적용되는 처방 규칙은 매우 분명하게 명시되어 있고 그 규칙에 엄격히 적용하여야 하는 것이 이 방법의 본질이다. 실제적인 처방 방법은 The Organon 5th Edition 안에 있는 Hahnemann의 지시 사항에 기술되어 있다.

처방은 Single Remedy의 형태이어야 하며, Single Dose로 하고, 상대적으로 High Potency (대개 30-CM 범위에서)로 한다. 중요한 처방 요소는 처방된 약에 대한 반응이 끝날 때 까지는 재처방이나 다른 약물을 처방하지 말고 기다려 한다는 것이다. (Hahnemann은 나중에는 이 방법을 포기하고 자주 복용하는 Repeated doses를 선호한 반면, 이 방법은 오늘날 까지도 Constitutional prescribing에서 표준적인 처방 방법으로 남아있다. 이 방법은 전적으로 The Organon 5th Edition에 바탕을 둔 Kent의 가르침의 영향 때문이다. 사실 The Organon 6th Edition은 Kent가 사망하고 5년 뒤인 1921년까지 출판이 보류되어 있었다. 이 마지막 개정판에서 Hahnemann은 약물을 매일 복용해야 한다고 지시했고, 6판이 나올 때까지는 New 50-millesimal potency scale 보다는 Centesimal potency를 선호했다).

동일 약물을 재 처방할 때나 해야 한다면, 전과 같이 같은 강도로 주거나 다음으로 높은 강도로 줄 수 있다. Kent's (centesimal) potency scale은 다음과 같다.

30 - 200 - M - 10M - 50M - CM - DM - MM

대부분의 의사들이 따르는 형태는 위의 방식처럼 처방하는 것이며, 한 달쯤이나 그 후에 처방에 대한 반응을 평가한다. 가끔은 장기간에 걸쳐서 매우 미세한 변화가 일어나는 것을 볼 수 있으므로 상대적으로 잦은 Follow-up은 불필요하다. 그리고 첫 번 복용 후 수 개월 동안 환자가 더 이상의 약을 처방 받지 못하는 것이 대부분이다. 그러므로 환자들에게 충분히, 특히 동종의학에 대해서 모르고 약물을 보다 규칙적으로 복용하는 것에 익숙해져 있는 환자들에게, 설명해 주어야 할 필요성이 있다. 놀랄 일은 아니지만, 많은 의사들이 일정기간을 기다리는 동안 환자들의 기대를 충족시키려고 Placebo를 처방한다.

'Single dose'에 대한 몇 가지 변형이 발전하여 왔고 널리 쓰이고 있다. 여기에 속하는 것들로는 **Split dose**(동일 강도의 약물을 4~12시간 간격을 두고 2회 복용); **Collective single dose**(동일 강도의 약물을 4~24 시간 간격으로 3회 복용); **Ascending collective single dose**(4~12 시간 간격으로 강도를 높이면서 3회 복용, 즉 30 - 200 - 1M or 200 - 1M - 10M) 등이 있다. 이런 변형된 방법들은 약물이 자기 스스로를 억제하여 마지막 케이스에서와 같이 악화현상을 최소화한다. 이런 사실은 저자의 경험에서도 그대로 나타난다. 이런 사실을 의심하는 사람이 있으면 Natrum mur. 을 필요로 하는 일련의 환자들에게 약물을 투여하고 얼마나 많은 환자들에게서 복용 직후에 두통이 생기는가를 주목해 보라. 비슷한 수의 환자들에게 Natrum mur. 30 - 200 - 1M 을 투여하면 두통의 고통이 없이 약물로부터 이득이 생기는가를 알게 될 것이다. 불충분한 증거일지는 모르지만, 이 사실은 이런 방식의 변형된 복용 방법이 환자들에게 유리할지도 모르는 다른 반응을 가져다준다는 것을 저자에게 제시한다.

사 례

Psychosomatic prescribing에서 종종 환자의 행동, 감정, 제스쳐와 언어가 최고의 중요성이 있다. 성공적인 처방을 하기 위해서 이런 증상들을 세심하게 감지해야 하고 Repertory and Materia Medica Language로 해석이 되어져야 한다.

사례 1

7세 소년이 Phobia 증세로 내원했으며, 문제는 그가 집에 있을 때를 제외하고는 음식 먹기를 거부하는데 있었다. 학교, 카페, 레스토랑에서도 음식을 먹을 수 없었다. 이유가 뭐냐고 묻자 그 소년은 병에 걸릴까봐 걱정이 되어서라고 말했다. 수년전에 밤새 감기를 앓은 적이 있는데 그 때 많이 걱정했다고 했다. 유일한 육체적 증상은 만성 기침, 재채기 발작, 그리고 코 막힘이었다. 종종 코 막힘으로 잠을 깨었고 코를 풀은 뒤에도 막혀 있는 것 같다고 했다.

성격과 행동에 대해서 좀더 질문하였더니 그는 그림을 그릴 때마다 그림이 완벽하게 되는 것을 좋아한다고 자발적으로 말하였다. "처음에 잘못 그려진 그림이라도 결국은 제대로 해내어야지 직성이 풀린다". 그의 어머니는 아들이 그의 옷을 정리 하는데 많은 시간을 소비하는 것 같고, 머리를 항상 단정하게 하는 것을 좋아한다고 언급했다. 또한 멋있고 청결한 선생님을 좋아한다고 어머니가 말했다.

그 소년의 나이 정황으로 볼 때, 저자는 Fastidiousness가 가장 두드러진 특징임을 알게 되었다. Fastidious 하다고 알려진 Arsenicum album은 다른 약물에 비해 청결함과 정리정돈·단정함과 관련이 많다. 이를 바탕으로 Arsenicum 1M, one dose를 처방했다.

그 후의 보고에 의하면, 복용한 다음날부터 그 소년은 처음으로 학교에서 아무것이나 잘 먹었고 먹는 것에 대해서 더 이상 걱정하지 않았다고 했다. 그의 호흡기 증상은 관해가 되었고 아이가 많이 침착해짐을 느꼈다고 어머니가 말했다. 또한 눈썹을 잡아 뽑는 행동을 멈추었다고 했는데, 이것은 그가 수년간 해왔던 버릇인데 첫 내원 때 언급하는 것을 잊어 버렸다고 어머니가 말했다.

첫 번 복용 후 2달간 잘 지내었고, 그 후에 증상들 가운데 몇 가지가 재발되어 같은 강도의 약을 재 처방 했다.

사례 2

54세 여자환자가 힘이 없음, 안구통, 그리고 잦은 감기를 주소로 내원했다. 변비, 손과 발이 차가움, 약한 발목, 자고 일어난 뒤 개운하지 않음, 손등의 수포성 발진의 경향이 있는 환자였다. 엘리베이터 같은 곳에 갇히는 것에 대한 공포가 있었고, 항상 매우 독립적이었고, 결혼 한 적이 없었다. 매우 폐쇄적인 사람이었으며 거의 감정 표현을 보여 주지 않았다. 모든 증상은 단지 기능적인 레벨에 있었으며 성격과 결합하여 보면 분명히 Natrum muriaticum을 나타냈다. 30 - 200 - 1M을 처방 했다.

한 달 뒤에 보았을 때 모든 면에서 호전이 있었다고 했다. 약을 복용한 그 다음날 우연히 아버지가 돌아가셨는데, 그녀 스스로 발견한 놀라운 사실은 자연적으로 심기가 불편한 사건임에도 불구하고 그다지 힘들지 않았다는 것이었다. 이것은 동시성(Synchronicity)을 보여주는 하나의 사례로 간주된다. 왜냐하면 Natrum muriaticum은 비애에 효과가 있는 중요한 약물이기 때문이다. 다른 추가적인 약물 없이 1년 6개월간 건강한 상태로 지내었고, 증상 일부가 돌아왔을 때 Natrum muriaticum이 다시 필요하여 10 M, single dose를 복용한 뒤 다시 지속적인 호전이 있었다.

Natrum muriaticum은 매우 자주 처방 되는 약이다. 여기 영국에서는 적어도 누구나 한번쯤은 실제로 처방을 했을 것으로 보인다. 이 약물은 비록 초보 동종의학 의사라도 쉽게 파악하여 배울 수 있는 Polychrest remedies 가운데 하나이다.

사례 3

40대 여자환자가 수년간 지속된 우울증을 호소했고 잦은 두통이 있었다고 했다. 우울증은 사소한 일들로 인해 촉발되어 과민함과 분노로서 나타나기도 했다. “쉽게 성을 잘 내고, 트집 잡히는 것을 싫어하는 이런 내 자신이 싫어요. 나와 같이 살아야 하는 가족들에게는 불공평한 일이지요.”라고 말했다. 다른 날에는 내성적으로 되어 매우 침체되곤 했다: “아무 것들과도 관련되고 싶지 않고 삶에 대한 열정도 없어요. 그렇게 살지 않아야 하는 것이 아닌가요? 모든 것이 내 잘못이라고 생각 합니다.” 다음으로 그녀는 두통이 있을 때의 느낌을

묘사했다: '끔찍했어요. 차라리 죽고 싶었지요. 아스피린 한 움큼씩 복용하는 것이 가장 쉬운 일이었습니다. 눈을 뜰 때마다 큰 블랙홀을 보았고 단지 죽기만을 원했습니다."

이번 사례에서는 환자가 던지는 언어들이 그녀의 내적인 상태에 대한 분명한 안내자가 되었다. 증상을 해석하거나 번역한 언어 보다는 환자자신의 언어로 증상을 기록하라는 Hahnemann의 권고를 되새기곤 한다. Kent's Repertory를 이용하여, 환자의 증상을 표현하기 위해 다음의 rubrics를 선택했다.

Reproaches herself (page 71)

Despair with the pains (page 35)

Suicidal from pains (page 85)

흥미로운 것은, 이 사례에서 매우 흔하지 않았던 두통에 대한 본질에 대해서는 아무 것도 없었지만 두통이 감정에 어떻게 영향을 주었는가는 매우 독특하였으므로 약물 안에서 표현되어야만 한다. 위의 사례는 대부분의 독자들이 Aurum metallicum으로 인정 할 것이라고 확신한다. 1M, 그리고 차후에 10M을 처방했으며 두통과 우울증 모두 관해 되었다.

저강도 약물의 사용

Kent는 그의 저서에서 동종의학 의사는 Tincture에서부터 CM 이상까지의 전 범위에 걸쳐서 어떤 강도의 약물을 언제 사용해야 되는가를 알아야 한다고 자주 반복했지만, 출판된 그의 치료 사례들의 대부분에서 오로지 고강도 약물들만이 처방 되었다. 아마 이 결과로 오늘날 대부분의 constitutional prescribing에서 중간강도 이상의 고강도 약물이 독점적으로 사용되고 있다.

이러한 처방 가이드라인이 지금까지 잘 쓰여져 왔고, 또한 많은 의사들이 많은 치료 과정에서 현재에도 이것을 적절하게 사용하고 있다. 반면에, 저자는 케이스 분석에 체질적 접근법을 많이 적용했지만, 환자에게 맞게끔 빈도를 바꾸어 가면서 저강도(6c or 12c)의 약물을 repeat doses로 처방 했다. 저자는 이 변형된 처방으로 만족스러운 결과를 얻었는데, 특히 약물이나 커피에 의해서 antidote 되기 쉬운 경우에서나 혹은 aggravation이 최소화 될 필요성이 있는 케이스에 특히 적합하다. 반복 처방의 장점은 환자가 할 수 있는 가장 악한 상황이라고 해도 전반적인 치료 반응에 큰 영향을 주지 않는 한・두번 정도의 복용이 antidote 되는 정도이지만, single dose가 처방 되었다면 이것은 전체 치료가 한 잔의 커피에 의해 완전히 실패로 끝날 가능성이 있다는 것을 의미한다.

저강도 약물 사용 사례들

간헐적인 난청과 이명으로 고통 받고 있는 남자 환자를 이 방법으로 치료한 적이 있다. 처방 된 약은 Aurum metallicum 이었는데, 심장 문제의 병력과 더불어 난폭한 분노와 반박에 대한 불관용의 정신 상태에 바탕을 두고 처방 했다. 악화현상 가능성을 최소화하기 위해서

Aurum 6 t.d.s로 처방했으며, 이 치료를 받고 그의 청각 문제, 일반적인 기운, 정신상태, 그리고 (그래서 그가 말하기를) 골프 스윙 등 모든 것이 향상되었다고 했다. 매일 복용을 원칙으로 수 개월간 복용했으며 악화나 나쁜 작용으로부터의 고통은 없었다.

저자는 급성 고초열이 대개 기질 약물로 없어지며, 단지 증상에 맞추어 처방 된 Allium cepa와 같은 약물이 작용에 실패하거나 완화 작용만 한다는 것을 알았다. 아주 심한 증상으로 수 주간 고통 받고 있는 소녀를 본적이 있다. 눈은 문질러서 고기 살처럼 발갛게 되었고, 재채기를 거의 쉴 새 없이 했고, 전반적으로 측은해 보였다. 흥미로웠던 것은 환아가 진료실로 들어와서는 너무 덥다고 불평하자마자 실신해 버렸다. 유순한 성격과 위로에 대한 강한 욕구와 더불어 이러한 상황을 바탕으로 Pulsatilla 12c, every 4 hours를 처방 했으며 2일 이내로 변화가 왔다. 수일마다 한번으로 복용 빈도를 줄였고 나머지 여름 내내 증상 없이 잘 지내었다.

Kent 이후의 발전

Kentian method는 실제로 유일하게 Kent에 의해서만 실천되었다고 언급될 수 있지만, 많은 사람들이 그의 가르침에 큰 영향을 받아서 치료 스타일 대부분이 그의 가르침에 바탕을 두고 있다. 과거에는 Herbert A. Roberts, Margaret Tyler, Marjorie Blackie, 그리고 보다 최근에는 Elizabeth Wright-Hubbard, Pierre Schmidt and Pablo Paschero등이 여기에 포함된다. 중대한 발전은 그리스 출신의 동종의학 전문가인 George Vithoulkas, Vassilis Ghegas, 그리고 미국 출신의 Catherine Coulter에 의해 이루어졌는데, 이들은 Kent에 의해 시작된 약물의 personality profile에 대한 작업을 확대하고 세련되게 개량하였다. 이 분야에 대한 동종의학의 수준은 최근에 이루어졌는데, 특히 Vithoulkas에 의해 극치를 이루었고, 매우 주목할 만하다.

이 분야에 대한 또 다른 동시대의 연구가로는, Edward Whitmont를 들 수 있는데, 그는 그의 경험과 통찰력을 Polychrest remedy의 심리적인 면에 추가하였다. 현재 활동중인 다른 공헌자들로는 Rajan Sankaran, Joseph Reeves and Eugene Candegabe가 있으며, 각각 나름대로의 'Central disturbance'라는 Kentian method에서 흐름을 바꾼 변형된 방법을 발전시켰으며 그들의 가르침은 최근에 명성을, 특히 유럽과 미국의 동종의학계 가운데에서, 얻고 있다.

처방 적용시기

현재는 영국과 미국에서 Kentian method가 매우 널리 가르쳐지고 실행되고 있어서 많은 사람들이 동종의학에는 이 방법이 유일한 것으로 잘못 인도되고 있다. 설령, 그들이 다른 방법이 있다는 것을 알더라도, 대개는 Kentian Method는 지지자들에 의해 Pure homeopathy, Classical homeopathy, 혹은 Hahnemannian homeopathy라고 조차 불리면서 격상되고 있다. 개인적인 의견으로는, 혼자만이 진리를 간직하고 있다고 생각하는 일부 사람들에 의한 이러한 주장은 무엇보다도 동종의학 내부에서 더 큰 반대와 분파를 만들게 된다.

Constitutional approach는 현저한 정신 · 심리 그리고 일반증상이 있는 **Chronic functional disorders**에 가장 적합하다. 알러지 질환(Allergies), 소화기 장애(digestive problems), 불면증(insomnia), 편두통(migraines), 생리 및 폐경장애(menstrual and menopausal disturbances), 행동 및 정서장애(behavioral and emotional disorders)와 같은 질환이 있는 환자에 대해서 폭 넓게 사용 될 수 있다. 정신심리에서 기인한 질환, 즉 Psychosomatic orders과 장기의 원인이 밝혀지지 않은 수많은 'Syndromes'도 대개 이 타입의 치료에 매우 적합하다.

반면, Constitutional method는 대개 이미 진행되었거나 심한 퇴행성 병리와 약물과다와(이종의학)에 의해 억압된 케이스에는 적합하지 않다. 위의 질환들에서도 물론 좋은 결과가 일어날 수는 있지만, 매우 고도의 기술이 요구되어 대개는 방법의 변화로 좀 더 만족스러운 결과를 얻기도 한다. 저자 스스로 Constitutional method로 complex cases를 해결하기 위해 여러 해 동안 열심히 노력하였지만 실패했으며, 점차 다른 접근 방법으로 그 경우들을 보다 쉽게 관리 할 수 있었고 환자로서의 긴 여정을 건강 상태로 다시 돌려놓을 수 있었다. 불행하게도 많은 임상가들은 다른 방법을 선호하여Constitutional prescribing을 포기하면 환자들을(그리고 그들 자신, 혹은 동종의학)을 실망시킨다고 느낀다. 다른 방법이 아마도 더 적절한 것인지도 모르는데 말이다. 그리고 환자가 동종의학적 치료에 대해서 흥미를 가지고 있고 치료하고자 하는 바람이 마음에 우세하게 있다면 그러한 자책감은 불필요하다.

단 점

언급할 가치가 있는 몇 가지 단점을 열거하면 다음과 같은 것이 있다. 첫째는, 고강도의 약물을 한번 복용하여 나타날 수 있는 치료 반응이 매우 불안정하고 커피, 치약, 약물 등 몇 가지 안 되는 물질에 의해 쉽게 억제될 수 있다는 것이다. 직사광선에 의해 노출 된 약물을 복용하는 것처럼 미세한 요소들도 억제시킬 수 있는 것으로 알려져 왔다. 이것이 의미하는 것은 협조적이고 스스로 훈련된 환자가 요구되며 대다수의 사람들은 치료방법에 순응하기 어렵다는 것을 의미한다. 이미 언급한 것처럼 이러한 문제는 대개 저 강도의 약물을 자주 복용하는 것으로써 극복될 수 있다.

두 번째 단점은 case-taking과 이에 따르는 분석에 너무 많은 시간이 소요된다는 것이고, 언급한 바와 같이, 계속되는 성공적인 결과를 얻기 위해서는 매우 고도의 기술과 지각능력이 필요하다. 이러한 사실은 전문가가 되려는 많은 사람들로 하여금 동종의학을 능력밖에 있는 것으로 느끼게 만들며, 특히 많은 의사들이 Constitutional method를 너무 어렵고 시간이 많이 요구되는 것으로 보기 때문에 임상에서 동종의학을 이용하는 것을 포기한다. 그러나, 만일 의사들이 다른 방법들, 특히 Therapeutics 혹은 Organ-based method를 어떻게 효과적으로 사용하는 지를 먼저 배운다면 임상에 이러한 것들을 치료의 일부분으로 훨씬 더 많이 받아들일 수 있다고 확신한다. 그리고 더 많은 경험이 쌓이면 자연히 Constitutional method를 점차적으로 배우게 될 것이다.

세번째 단점은 Constitutional prescribing은 주로 환자의 정신감정 상태를 바탕으로 처방하기 때문에 심리학적 윤곽이 잘 정의된 유용한 약물의 수가 제한되어 있다는 것이다. 비록 그 수가 증가 일로에 있지만 아직은 거대한 Homeopathic Materia Medica의 매우 작은 부분만을 차지하고 있어서 아직은 이 분야에 대해서 연구해야 할 것들이 많이 남아있다.

위에 언급된 바와 같은 한계점은 있지만, Constitutional Homeopathy는 모든 동종의학 전문가들에게 계속되는 아름다운 도전이 되고 있으며, 일단 일정 수준의 능숙도에 도달하게 되면 그 보상은 이루 말로 다할 수 없는 것이다.

Further Reading

P. Bailey
Homeopathic Psychology
North Atlantic Books, Berkeley. California 94704. U.S.A.

M. Blackie
Classical Homeopathy
Beaconsfield Publishers Ltd., Beaconsfield, Bucks.

C. R. Coulter
Portraits of Homeopathic Medicines, Vols. 1 & 2
North Atlantic Books, Berkeley, California 94704, U.S.A.

D. Gibson
Studies of Homeopathic Remedies
Beaconsfield Publishers Ltd., Beaconsfield, Bucks.

J. T. Kent
Lectures on Homeopathic Philosophy
Lectures on Materia Medica
Jain Publishing Co., New Delhi-110055, India
H. A. Roberts
The Principles and Art of Cure by Homeopathy
Jain Publishing Co., New Delhi, India

M. L. Tyler
Homeopathic Drug Pictures
C.W. Daniel Co., ltd., Saffron Walden, Essex

G. Vithoulkas
The Science of Homeopathy
Grove Press Inc., New York
Stolen Essences
Jain Publishing Co., New Delhi, India

E. Wright-Hubbard
Homeopathy as Art and Science
Beaconsfield Publishers, Beaconsfield, England

Genus Epidemicus

정 의

이 처방은 하네만의 관찰에 바탕을 두고 있다. 즉, 급성 전염병 기간에, 치료제가 전염병의 특이한 증상과 유사하다면, 대부분의 케이스가 같은 치료제에 반응 할 것이라는 이론이다.

처방 기법

전염병 기간 동안에 많은 사례들의 특이한 증상들을 취한 다음, 이 증상들을 모아서 그 질병의 전체적인 그림을 형성하게 된다. 이렇게 완성된 그림의 특성에 가장 유사한 치료제를 선택하게 된다. 그리고 만일 대다수의 사례에서 치료 반응을 보인다면, 이 치료를 그 전염병의 Genus Epidemicus라고 한다. 또한 그와 같은 치료제는 증상이 아직 발생하지 않은 접촉자들에게 예방적으로 작용할 수 있다.

사용시기

이 방법은 콜레라, 장티푸스, 수두 등과 같은 심각한 급성질환에 적합하다, 비록 이 질병들이 전체를 대표하지 못하지만. 동종의학 문헌에 따르면 동일한 지역에서 발생한다고 알려진 홍역, 백일해 같은 소아 급성질환이 이 방법으로 효과적으로 치료 될 수 있다고 한다. 유행성 독감은 이 방법이 성공적으로 사용될 수 있는 또 다른 영역이다. 저자는 임상에서 이러한 방법을 사용할 기회를 아직 가지지 못했다.

사 례

일부 치료제들은 전염병 유행시기에 성공적으로 사용되어 왔다. 뉴욕에 있던 Riesig는 악성 디프테리아가 있었던 기간에 Lac caninum이 Genus Epidemicus인 것을 발견했다. 그가 놀랄 만한 성과를 이루자, 늑대의 젖이 강화되면 약으로 사용될 수 있다는 아이디어에 조소를 보냈던 사람들도 이 치료제를 인정했다. 하네만이 그 당시 콜레라 유행시기에 환자들을 위하여 증상에 따라 Cuprum, Veratrum, 혹은 Camphor를 복용할 것을 추천했다는 기록이 있다. 이것은 그 혼자 모든 환자를 보고 내린 결론이 아니라 다른 사람들이 보낸 케이스 보고서를 철저히 연구해서 얻어낸 결과였다. 그럼에도 불구하고 그의 제안대로 이 치료제들이 상당히 효과적으로 작용했음이 밝혀졌다. Tyler는 독감 유행시기에 환자를 치료하러 갔을 때 매번 Pyrogen이 작용해서 이 치료제가 Genus Epidemicus인 것을 밝혀냈다.

Further Reading

D. Shepherd
Homeopathy in Epidemic Diseases
Health Science Press, Saffron Walden, Essex

R. P. Mathur
Common Infectious Diseases with Therapeutics and Repertory
Jain Publishing Co., New Delhi, India

S. Hahnemann
Organon of Medicine 6th Edition, paras. 100-103
Jain Publishing Co., New Delhi, India

Group Analysis

정 의

네덜란드 등지에서 활동중인 Jan Scholten과 그의 동료들에 의해서 개발된 Thematic prescribing 방법을 말한다. 이 방법은 환자의 테마와 유사한 Mineral 과 Element의 중요 테마를 확인하여 일치시키는 것이다. Calciums 그리고 Ferrums와 같은 전체 치료제 그룹을 함께 연구하고 분별하면 치료 약물을 선택하는 것은 상당히 쉬워진다.

Thematic Prescribing 참조

서 론

'자연계의 하나의 계(kingdom, 界)을 철저하게 증명할 수 있다면, 상당히 완전한 Materia Medica를 가질 수 있을 것이다'는 아이디어를 제안한 사람은, 내가 믿는 바로는, Kent였다. 식물계와 동물계의 다양성을 생각하면, 광물계과 원소계는 이 방법으로 쉽게 탐험할 수 있는 유일한 계이다. 그의 저서 ***Lesser Writings***에서, Kent는 polychrest mineral remedies로 이루어진 기질치료에 대해서 이미 알고 있는 바를 혼합시킴으로써 상당수의 새로운 치료제 그림을 얻었다. 예를 들면, Silica, Kali-carb와 Kali-bich와 같은 Potassium salts에 대한 지식을 바탕으로, 그는 Kali-silicatum이라는 상당히 자세한 그림을 합성할 수 있었다. Silica 성분을 Arsenicum과 대치함으로써, 실험적인 Kali-arsenicosum을 만들었고, Alumina를 Potassium과 대치하여 Alumina-silicate를 만들었다. 그리하여 Materia Medica는 새로운 방법으로 확장 되었다.

1993년 Jan Scholten의 저서인 ***'Homeopathy and Minerals'***이 처음으로 영국에서 출판 되었다. 이 책에서 그는 동종의학에서 사용되고 있는 중요한 광물들과 원소들의 대부분에 해당되는 핵심 테마를 자세하게 묘사하고 있다. 이 연구로 인해 광물계에 대한 많은 빈틈을 채울 수 있었다. 그리고 이름은 알고 있지만 잘 알려지지 않은 치료제들의 그림을 확대하였으며 동시에 완전히 새로운 많은 치료제를 소개했다. 저자는, 다른 이들과 마찬가지로, Scholten이 열어 놓은 가능성에 도전을 받았고 약간은 압도 되었다.

Scholten이 강조한 것은 원소들의 정신적 테마를 발전시키는 것이었고, 이로 인하여 단순성과 정확성에 있어서 불가능하게 보이던 많은 치료제에 대한 인식을 밝혀 주었다. 예를 들면, Carbonicums 계열은 Father의 계보를 가지고 있으며, Muriaticums는 Mother의 계보를 가지고 있다고 주장했다. 이러한 아이디어만으로도 수개월간 생각할 수 있는 밑거름이 되었다. 마침내, 얼마간의 숙고 끝에, 그의 정당성을 시험하기 위한 유일한 방법은 그가 묘사한 그림을 바탕으로 치료제의 일부를 사용해 보기로 결심했다. 습관처럼, 나는 이 이상한 새로운 복합 치료제들을 주문했고 그들을 사용할 기회를 기다렸다. 그러나 그리 오래 기다릴 필요가 없었다.

사례들

Group analysis를 적용할 수 있었던 초기 사례들 가운데 하나는 여자 환자의 경우였다. 이 환자는 등쪽의 문제, 체중 증가, 주기성 두통, 그리고 억압된 비애 경력이 있었다. 그녀의 전반적인 형태와 Physical generals는 치료제로 강력하게 Calc-carb. 를 가리키고 있었다. 하지만 정신적인 면은, 즉 억압된 비애, 소리 내어 울 수 없음, 주기성 두통은 Nat-mur. 에 맞는 증상들이었다.

이와 같은 경우에서 나의 일반적인 전략은 나중에 치료를 완성하기 위해서 Calc-carb.가 필요할 것이라는 예상을 가지고 우선 Nat-mur.을 처방하고는 했다. 즉, Layer approach를 한 것이다. 그러나 이 케이스가 Group analysis를 시도해 수 있는 이상적인 경우 같아서 기본 원소들을 바탕으로 다양한 치환 작업을 시도했다. Calc-carb., Nat-mur., 그리고 Nat-carb. 모두 이 케이스에 잘 들어 맞지 않았다. 마지막으로 남은 조합은 Calc-mur 이었다. 나는 이 치료제를 첫번째 처방으로 결정했다. 흥미롭게도, Scholten에 의하면 이 특이한 치료제는 특별히 타인들로부터의 어떠한 보호나 양육을 받아들이기 어려운 사람들에게 잘 맞는다고 한다. 비록 그들이 실제로는 그것을 간절히 원한다고 할지라도. 좀더 질문을 하여 보니, 이 치료제가 환자의 내적 상태와 거의 정확하게 일치하는 것 같았다. 나는 그 환자에게 Calc-mur 1M을 처방하였으며 놀랍게도 모든 level에서 빠르고 극적인 치료 반응을 보였다. 어떠한 식생활의 변화도 없이 몸무게 역시 상당히 감소하였다.

이 첫번째 성공은 나로 하여금 Scholten이 묘사한 다른 복합 치료제를 시도하게끔 더욱 박차를 가하게 했다. 시간이 흐른 후에 그의 접근 방법이 매우 좋은 결과를 낳게 한다는 것을 발견했다. 다양한 새로운 치료제를 처방 하는데 도움이 될 뿐만 아니라 나의 Casetaking 그리고 케이스 분석 능력이 Scholten 저서에서 주어진 정보로 인해 향상되었다는 것을 발견했다. 하나의 예로서, 만일 환자가 분명히 침해에 대한 문제를 가지고 있다면-즉, 어떤 형태의 논쟁이나 싸움을 견딜 수 없는 사람이었다면 - 이러한 점은 바로 Magnesium group에 해당한다. 이러한 점들을 알게 되면, 나는 단지 환자의 생활 영역에 대한 질문을 함으로써 Magnesium salts 가운데 어느 것이 요구되는가를 확인하는데 매우 지름길이라는 것을 발견했다. 예를 들면, 만일 문제점이 그의 어머니와 관련이 있다면 Mag-mur이 선택 될 것이며, 만일 아버지와 관련이 있다면 치료제는 Mag-carb이 선택된다. 만일 우리가 중요 성분들의 각각에 대한 기본적인 테마를 알게 되면 이러한 접근 방법이 매우 간편하다는 것을 발견했다.

저자는 파트너에 대해서 많은 적개심을 가지고 있는 환자를 본적이 있다. 이환자에게 Staphysagria와 Nat-mur를 처방 했는데 부분적인 효과만 있었다. 적개심이라는 테마와(Ammonium group) 파트너라는 테마를(Sulphuricum group) 혼합하여 Ammonium- sulphricum에 도달하였으며, 비록 전에 한 번도 들어 본적도 없지만, 환성적인 결과가 있었다.

이번에는 다른 사례이다. 이전의 파트너가 그를 떠난 이후로 새로운 관계를 맺기 두려워하는 남자를 본적이다. 그녀는 그 남자가 유치하고 바보스럽다고 생각했다고 한다. (이 점은 그가 스스로 사실이라고 믿어 왔던 분명한 생각이다.) 유치함과 우둔함(Baryta group)과 파트너(Sulphuricum group) 테마를 혼합하여, 나는 Baryta-sulph를 장기간에 걸쳐서 투여했다. 이 영역에서 자신감을 갖는데 놀랄 만한 도움이 되었다.

또 다른 사례이다. 타인들에게 부유하고 성공적으로 보이는 전직을 가진 여자 환자를 치료한 적이 있다. 남들이 무엇을 생각하고 있는지에 대해서 걱정하는 테마와(Calcium group)부와 사회적 지위에 대한 걱정에 대한 테마(Fluoratum group) 을 혼합하여 Calc-fluo.을 처방했다. 흥미롭게도 그 여자 환자에게는 Bony spur와 재발성 탈구이라는 병력이 있었다. 그런데 이 두 가지 모두 이 치료제의 physical keynote이다. 이 모든 증상이 이 치료제에 매우 잘 반응한 것은 말할 나이도 없다. 이 사실은, 나에게는, Group analysis method가 얼마나 우리에게, 비록 특정 분야에서 이미 잘 알려져 있다 하더라도, 치료제에 대한 지식을 향상시킬 수 있는가를 보여 주는 사례이다.

Scholten 의해 소개된 이 복합제들을 많이 시도한 이 후로부터, 전에 한번도 처방 해 보지 않았던 다른 복합제를 처방할 기회를 가졌다. 이것은 단순히 다음과 같은 이유 때문이었다. 환자들이 내원 하여 Group analysis와 잘 맞아 보이는 특이한 복합 증상들을 표현하기 때문이다. 예를 들면, 심장 문제와 고혈압 병력을 가진 남자 환자를 본적이 있는데, 이 사람은 성공에 대해서 항상 큰 집착을 가지고 있었다. 모두가 Aurum의 특징이었다. 그러나 이 와는 별도로 그는 매우 완고한 면이 있었고, 건강 염려증에 가까운 상당한 건강 불안증을 가지고 있었다. 이 증상은 Arsenicum에 가까웠다. 이 분석 방법을 사용하여 나는 그 환자에게 Aurum-arsenicosum을 처방하기로 결심했다. 실제로 나는 이 특이한 치료제 대해서 하는 바가 전혀 없었다. 그러나 그는 이 치료제에 의해서 상당한 효과를 보았다. Aurum 타입의 다른 환자가 있었는데 그는 전신 무기력증으로 고생하고 있었다. 게다가 그는 이론화・변명화 하는 경향이 있었고 Sulphur를 제시하는 많은 육체적인 증상 보였다. 생각한 처방이 비록 흔하지 않은 복합제였지만, 나는 그 환자에게 Aurum-Sulph를 처방 했다. 다시한번 좋은 결과가 있었다.

최근의 발전 상황

Scholten이 그의 첫 저서를 출판을 몇년 후에, 그는 연이어 Homeopathy and the Elements 라는 제목으로 책을 발행했다. 이 작업에서, 그는 테마 아이디어를 주기표(The periodic table) 안으로 끌어 들여서, 공통 특징을 발견하고 주기표에서 관련되는 각각의 원소들에 대해서 일치시켰다. 이 작업으로 인해 다시 한번 상당히 많은 수의 새로운 치료제가 발견 되었고, 이미 익숙한 polychrest에 대해서도 새로운 면들을 알게 되었다. 지금까지는 나의 임상 경험들이 Scholten의 초기 저서에 있는 광물 복합제안에 거의 한정되어 있었다. Group analysis method에 경험이 없는 사람들에게 최고의 출발선으로 이 책을 권하고 싶다.

Further Reading

LT. Kent
New Remedies & Lesser Writings
B. Jain Publishers, India

J. Scholten
Homeopathy and Minerals
Homeopathy and the Elements
Stitching Alonissos, Utrecht, Netherlands

Intuitive Prescribing

정 의

분석적인 방법의 개입 없이 즉각적인 인지, 즉 '직감'에 의해서 처방하는 것이다.

서 론

직감적인 처방에는 여러가지 형태가 있다. 일부 동종의학사들은 처방 기법으로서 이것을 포함하는 것을 반대할는지는 모르겠다. 그러나 내가 이렇게 하는 이유는 다음과 같은 사실을 알리기 위해서이다. 여러 해를 넘게 나와 나의 동료들 대부분이 임상 작업에서 이 방법이 많은 비중을 차지해 왔다는 사실이다.

회의적인 사람들과 합리적인 사람들은 가끔은 내가 이미 이전에 이러한 치료제들은 배운 적이 있으므로 이러한 직감적인 처방이 가능하다고 말한다. 즉, 이미 알고 있는 치료제 대해서 직감을 갖고 있을 뿐이라고 말한다. 나의 경험상으로는 이런 주장은 전혀 맞지 않다. 나는 완전히 새로운 혹은 전혀 알지 못하는 치료제들이 모든 순간에 나의 지각을 깨울 수 있다는 가능성을 분명히 열어 두고 싶다.

직감은 전혀 예상하지 못할 때 도달하는 습관을 가지고 있다. 대개 합리적인 과정을 통하여 정상적인 방법으로 분석한 것이 필요하다. 그러나 이 과정들이 분명한 것들을 나에게 보여 주지 못하여 포기하고 좌절할 때, 바로 그 순간 직감이 차고 들어와서 해결책을 종종 보여줄 때가 있다. 이 해결책이란 내가 전혀 생각지도 못해 본 것일 수도 있고 때로는 전혀 들어 보지 못한 것을 수도 있다.

내부에서의 직감과 기타 현상들

직감과 다른 종류의 지식을 구분하게 하는 것은 일반적인 육체적 경험 이상이다. 내장의 느낌이나 골에서의 느낌에 의해서 무언가를 알 수 있다는 주장은 이상하게 볼 수도 있다. 그러나 이런 것들은, 나에게는, 직감적인 지혜가 스스로 직감을 알게 한다는 것에 대한 정확한 묘사 방법이다.

고대 멕시코의 야퀴족 인디언 주술사들은 지식습득에는 여러가지 인지 방법이 있다는 것을 인정하고 확인했다. 그 가운데 하나는 '직접적인 지식'인데, 일상적인 추론과는 다르며 그것을 얻게 되면 우리가 어떻게 그것을 알았는지에 대한 지각이 없이 알게 되는 감각이 생긴다. 이 말이 직감이란 것을 모두 설명해 주고 있으며, 우리 인간은,

어디로부터 그것이 왔는가 라는 확실한 생각을 가지지 않고도, 지식에 접근할 수 있는 능력을 가졌다고 나는 굳게 믿는다.

뇌뿐만 아니라 모든 신체는 직감적인 지시된 관련이 되어 있다는 사실은 점치기 혹은 운동과학과 같은 기술이 의해서 증명 되었다. 이들은 나중에 언급될 것이다. 임상 경험을 공유할 수 있지만 수년전에 나에게 경고를 준 다음과 같은 사실을 말하고 싶다.

몇 가지 안 되는 증상들만 가지고 요통을 호소하는 남자 환자를 위하여 치료제를 찾으려고 고심하고 있었다. 내가 감지한 한 가지는 그 환자가 표출되지 않은 분노를 많이 갖고 있었다는 것이다. 이것을 근거로 나는 Staphysagria 10M을 처방하기로 결심했다. 처방전을 써서 Beth에게 건네주었다. Beth는 그 시간에 클리닉에서 일을 하고 있었는데 직감이 뛰어난 사람이었다. 그녀는 치료제를 만들어서 환자에게 주고 집으로 돌려보냈다. 그러나 그녀가 환자에게 준 것은 Staphysagria가 아니라 Stramonium 10M 이었다는 것을 깨달았다. 마치 손이 그 쪽으로 당겨지는 것 같았고 본인도 어떻게 할 수가 없었다고 말했다.

나는 그녀에게 걱정하지 말라고 말했다. 사실 나의 처방이 정확한지 확신하지 못했기 때문이다. Stramonium이 적어도 Staphysagria만큼이나 분노를 가지고 있다고 그녀에게 설명했다. 말할 필요도 없이, 그 환자는 역 복용 직후로부터 전에 한 번도 겪지 못했던 생생한 악몽을 꾼다면서 내원했다. 그 후로 모든 증상은 급속히 호전되었다.

한번은 Beth가 도움이 필요하다면서 어떤 사례를 나에게 가져왔다. 진료지가 들어있는 폴더에 손을 대는 순간, 설명할 수는 없지만, 환자가 Mercurius가 필요할 것이라고 확실하게 알았다. 분석 후, 그의 치료제가 Mercurius로 나타났다.

수년간에 걸쳐서 나는 이와 같은 직감에 의한 것을 경험을 했었고 목격해왔다. 그리고 다른 분야와 마찬가지로 직감도 임상경험에 의해서 발달할 수 있는 것이라고 믿게 되었다. 중요 요구 사항은, 무슨 형태를 뛰든지, 직감을 들으려고 하는 의지이며 그리고 직감에 반응하는 것이다. 어떤 사람은 머릿속에서 목소리를 들을 수도 있으며, 다른 사람은 지시 치료제를 나타내는 형상을 볼 수도 있다. 치료제가 갑자기 튀어 오르거나 꿈속에서 치료제를 알게 된 동종의학사나 환자들도 있다.

환자들이 말하는 직감

언급하고 싶은 직감 처방의 또 다른 면으로는 진료자와 환자가 서로 조율이 되었을 때, 파장 효과가 나타나서 직감이 나타나는 기회가 증가되는 것 같다. 이러한 직감은 여러 가지 형태로 나타날 수 있다. 한번은, 예를 들어, Arsenicum을 주기로 결심했던 환자가 나를 똑바로 쳐다보면서 "주시려는 치료제가 Arsenicum인가요?"라고 물었다. 어떤 환자는 자기에게 주려는 치료제가 뱀의 독일 것이라고 확언하기도 했다. 실제로 그 치료제로써 환자는 회복 되었다. 어떤 환자는 진료 동안 스스로를 Granite 같다고 반복해서 주장한 환자도 있었다. 그러나 이번 추측은 빗나갔다.

어린이들은 특히 그들의 치료제에 대한 직감이 발달한 것 같다. 나는 이러한 사례를 수없이 많이 보아 왔다. 이런 점들은 우리가 의식적으로는 알 수 없는 것들을 직감적으로 알 수 있다는 확신을 주었다. 동료의 어린 아들이 벌에 쏘여 심하게 부어올랐을 때, Apis등의 치료제들이 작용에 실패했을 때, 스스로 Vespa를 처방하여 치료된 사례도 기억난다. 또 다른 아이는, 그 당시에 세 살 미만이었는데, 수백 개의 치료제 병들 가운데에서 Eupatorium perfoliatum을 골라서 독감에 걸린 자신과 가족들을 치료한 적이 있다.

매우 많은 케이스에서 어린이들로 하여금 상자 혹은 선반에서 치료제를 고르도록 한 적이 있다. 그리고 대부분 한 번에 그들이 필요한 치료제를 선택했다. 기억하는 어떤 아이는 예전에 처방 했던 다른 치료제들 보다 좋은 작용을 했던 Syphilinum 10m을 집어 낸 적이 있다. 동종의학에서는 필연적으로 치료제를 찾아내기 위하여 많은 노력이 필요하다는 아이디어에 익숙해져 있는 나와 같은 치료자들은 직감 처방이 이토록 간단할 수 있다는 생각을 받아들이기 어렵다. 하지만 특별히 어린이들은 간단한 해결 방법이 종종 최고의 것이라는 점을 우리에게 상기시켜 준다.

점치기

수천명의 사람들의 건강 문제를 진단하는데 도움을 받기 위하여 그리고 치료제를 찾기 위하여 점치는 기술을 사용하고 있다. 궁금증이 더 심해지기 전에 나는 여러 해 동안 스스로 이 방법을 사용해 봤다. 그리고 왜 특정 치료제가 특정한 환자에게 작용하는 지에 대해서 알고 싶어했다. 흥미롭게도, 나의 Materia Medica에 대한 지식이 늘어날수록, 정확하게 점치는 나의 능력이 (혹은 이 능력에 대한 나의 신념 정도라도) 감소되는 것을 발견했다.

대부분의 점들에서 치료제를 선택하기 위하여 진자(pendulum)를 사용한다. 그리고 이 방법은 스스로의 반응을 어떻게 해석하는 가에 대해서 배우기만 하면 매우 간단하다. 시계 방향으로 움직이면 'yes'을 의미하고, 시계 반대 방향으로 움직이면 'no' 을 의미하며, 앞뒤로 움직이면 '대답할 수 없음' 혹은 '질문을 다시 하시오'을 의미하는데 대개 어떤 면에서는 애매모호하다. 이러한 움직임이 귀하에게 의미하는 바가 확신하다 할지라도, 사람마다 변동이 있으며, 또한 분명하고 명확한 질문을 할 수 있어야 하며 나타나는 반응을 신뢰할 수 있어야 한다. 진자 스스로는 마술적인 특징을 전혀 가지고 있지 않다. 그것은 단지 치료자의 근육 혹은 생리적인 체계에 대한 반응이며, 이 체계는 치료제가 어떤 사람과 공명성을 가지거나 혹은 가지지 않은 가를 알아내는 것 같다.

The Homeopathy에 보낸 편지에서, Jay Yasgur는 발가락 감염에 대한 치료제를 찾기 위하여 점을 친 그의 경험을 써서 보낸 적이 있다. 키트 안에 그가 필요한 치료제가 어디에 있는지 물어 보는 것으로부터 시작했다. 이 방법은 매우 실용적이어서 내가 많이 사용하는 방법이기도 하다. 대답이 yes이어서, 그는 진자에게 치료제가 어느 줄이 있는가를 물어보았다. 'M-Z'가 대답으로 나와서 그는 진자가 'yes'을 반복할 때까지 알파벳 순서로 반복했다. 치료제는 Sabadilla로 드러났다. 유일하게 사용 가능한 강도는 6x 이었다. 그는 이 치료제를 사용해서 완치 했다.

해결책을 제시해줄 수 있는 다른 방법이 없을 경우 외에도, 얻을 수 있는 다른 이점은 환자가 없을 때라도 효과적으로 사용할 수 있다는 것이다. Arthur Bailey는 점치는 기술을 이용하여 Flower Essence를 Setting한 사람인데, 한번은 70 마일이나 떨어져 있는 나에게 조율하기 위해 사용한다고 머리카락 샘플을 보내 달라고 했다. 작업 후에 그는 어떠한 상담도 없이 나에게 Essence 한 병을 처방 했다. 그 Essence는 매우 잘 선택된 것이어서 한번 복용만으로도 즉각적으로 치료 되었다.

많은 동종의학사들은 점치는 기술을 보조 도구로 사용해서 치료제 분별을 위하여 사용한다. 혹은 강도나 재 처방을 결정하는데 도움을 받기도 한다. 古 Edward Whitmont는 이런 방법으로 진자를 사용했다고 이야기하고는 했다. Kent의 동료이자 동기였던 Dr. Grimmer는 점치는 기술을 사용하여 환자들을 위한 치료제를 찾는 데 사용했다. 또한 잘 알려져 있는 미국의 동종의학사였던 Guy Beckley-Sterns도 이 방법을 사용했다.

응용 운동과학

만일 진자가 단순히 근육계의 연장선에 있었다면, 운동과학은 치료제 대한 인체반응이 다른 방법으로도 결정 될 수 있는가를 보여준다. Sterns는 연구를 통하여 환자의 에너지 영역과 지시된 치료제가 일치할 경우 동공이 확대될 수 있다는 것을 발견했다. 1960년대 미국의 George Goodheart는 특정 근육이 치료제 혹은 이득이 있는 물질의 의해서 순간적으로 강화될 수 있다는 것을 증명했다. 반대로 환자가 알레르기를 가지고 있는 독소나 물질에 의해서는 순간적으로 근육이 약해진다. 이러한 발견들은 응용 운동과학 혹은 근육 테스트라고 불리는 전혀 새로운 진단 영역의 장을 열어 놓았다.

운동 과학은 배우기 쉬우므로, 동종의학사들이 치료제를 확정하기 위한 도구뿐만 아니라, 점치는 기술 같이, 유용하게 응용 운동과학을 사용할 수 있다. 일단 가능한 치료제들을 결정한 뒤에, 어느 치료제가 인체에 가장 강력하게 반응을 하는가를 알아보는데 거의 시간이 걸리지 않으며, 비슷한 과정을 거쳐서 그 시점에서 환자에게 가장한 강력한 공명성을 가지고 있는 치료제의 강도를 결정하는데 도움이 될 수 있다.

결 론

동종의학 발전에 있어서 여러가지 면으로 흥미로운 시간이었다. 반면에, 동종의학 교육의 주 줄기는 점차, 좌측-뇌를 사용하는, 즉 학문적이고 의학적으로 제휴하는 쪽으로 가고 있다. 그리고 수천 명에 진료자들이 임상에서 치료제를 확정하기 위하여 컴퓨터 프로그래밍에 의지하고 있다. 또 다른 한 편으로는, 우측-뇌를 사용하는, 즉 명상과 꿈에 의한 proving 그리고 대다수의 직감적인 진단과 처방 기술을 도입하려는 사람들도 늘어나고 있다. 이 2가지 방법이 서로 보완적인 길을 찾을 수 있을 것이라고 희망한다. 그래서 미래의 동종의학사들은 양쪽 기술과 더불어 동종과학을 배울 수 있을 것이다.

Further Reading

A. Bailey
Anyone can Dowse for Better Health
Quantum, W. Foulsham & Co. Ltd., Cippenham, Berks., England

M. La Tourelle &. A. Courtenay
Thorson's Introductory Guide to Kinesiology
Thorsons-Publishers, England.

C. Page
Beyond the Obvious - Bringing Intuition into our Awakening Consciousness
C.W. Daniel Co. Ltd., Saffron Walden, Essex, England

J. Thie
Touch for Health
Devorss-Publications, California, U.S.A.

Isopathy

정 의

이 용어는 '동일한' 이란 의미를 가진 그리스 언어 *isos* 에서 유래되었다. 동종의학적인 용어에서는, Isopathy는 원인이라고 추정되는 물질이나 특정 질환을 앓고 있는 환자의 산물로부터 만들어진 치료제를 처방하는 방법을 말한다. 예를 들면, 결핵을 앓고 있는 환자에게 다른 결핵 환자의 가래로부터 만들어진 *Bacillinum*을 처방할 수 있다. 만일 환자 자신의 분비물로, 강화된 형태로, 만들어진 치료제를 복용한다면 이 방법은 Auto-isopathy라고 한다. Isopathy는 또한 환자가, 예를 들면 밀, 우유, 화분 종류 등과 같은, 특정 물질에 과민하거나 혹은 알레르기 반응을 가지고 있다면 그 물질을 강화된 형태로 처방하는 것까지 포함한다.

처방 기법

고강도의 치료제를 한번 복용하는 방법에서부터 천연 그대로의 물질을 환자 혈액으로 주입하는 방법까지 다양한 기법으로 처방할 수 있다.

The Organon - paragraph 56의 주석에서, 하네만은 다음과 같이 주장하고 있다. 'Isopathy 뒤에 숨겨진 아이디어는 모든 정상적인 인간의 이해와 모든 경험을 반박하고 있다'. 그는 더 나아가 다음과 같이 설명하고 있다. '만약 Isopathy가 명백한 효과를 갖고 있다면, 이것은 그 물질이 강화 과정의 의해서 변형이 되어 치료되고 있는 질병과 동일한 것이 아닌 유사한 것이기 때문에 작용을 한다'는 것이다. 그가 어떤 면에서는 맞는지도 모른다. 그렇지 않다면 Isopathy remedy가 그들 자신만의 독특한 작용 영역을 가지고 있을 수도 있다. 오직 임상적 연구와 면밀한 관찰만이 일부분을 명확하게 할 수 있을 것이다.

일부 동종의학사들은 Isopathy를 사용한 적이 없을지도 모르지만, 나는 이 방법에 의해서 성공적으로 치료된 수많은 사례를 읽었으며, 나 스스로도 일부 제한된 성공을 얻었다. 그러므로 Isopathy가 언급될 만한 자격이 있다고 생각한다. 나를 포함한 대부분의 동종의학사들은 다른 모든 방법들이 실패한 케이스를 위하여 Isopathy를 남겨두거나 정상적인 동종의학 치료에 대한 보조적인 수단으로 Isopathy를 사용하는 경향이 있다. 일부 전문가들이 Auto-Isopathy Prescription으로 인한 악화현상을 경고하고 있으므로, 무분별하게 사용해서는 안 된다.

사용시기

많은 환자들이 특정한 물질에 과민 반응을 보이거나 알레르기 증상을 보인다. 이런 증상들은 대부분 전통적인 동종의학적 방법으로 치료 된다. 그러나 간혹, 환자들이 대개는 동종의학 치료에 반응을 보이지만, 어떤 특정한 알레르기는 치료되지 않아서 문젯거리로 남는 경우가 있다. 이러한 사례에서는, Isopathy가 유용한 보조 수단이 될 수 있다. 이것과는 별도로, 나는 다른 모든 방법이 실패할 경우에만 Isopathy를 추천하고 싶다.

사 례

심한 우유 알레르기를 가지고 있는 환자들을 본 적이 있다. 이 환자들은 constitutional 그리고 miasmatic 치료에 반응하지 않았었다. 그러나 간혹 Lac vaccinum이나 Lac defloratum에 의해 치료되는 경우도 있다. 또한 벌침에 생명이 위태로울 정도로 알레르기 반응을 보인 소수의 사람들에게 Apis mellifica를 고강도로 처방한 적이 있다. 이들 가운데 한 명은 다른 동종의학 치료를 받지 않았으나 그가 그 후에 다시 벌에 쏘였을 때 단지 국소적인 반응만 경험 했다. 그는 양봉가 이었기 때문에 이것은 상당한 이득이 되었다. 또한 포도즙 찌꺼기를 강화하여 이로 인한 고초열로 시달리는 사람들에게 처방 했었지만, 지금까지는 단지 일부적인 증상완화 효과만 얻었고 완전한 치료가 되지는 못하였다. 딸기 알레르기에 대한 하나의 케이스를 본적이 있는데, 이 사례에서는 Fragaria vesca (Potentised strawberry)가 처방 되었다. 이 치료제를 복용한 환자는 불순물이 묻어있는 딸기라도 먹을 수 있게 되었다. 실제로 Fragaria의 증상 적응증 가운데 하나는 'strawberry tongue'이다. 믿거나 말거나.

Dr. Eizayaga는 방광염과 같은 요로 감염은 동종의학 치료제와 더불어 환자 자신의 소변으로부터 만들어진 강화 치료제를 함께 복용하면 보다 빠르고 영구적으로 치료된다고 말한다. 그는 만일 소변에서 감염을 일으키는 유기체가 분리 되고, 배양 되고, 그리고 강화 된다면. 보다 나온 결과를 얻을 수 있다고 조언한다.

한번은 매우 심한 만성 습진 환자를 본적이 있다. 그의 병변에서 피와 많은 분비물이 나왔다. 그 환자 질병에 대해서 나와 환자 모두가 좌절하고 있었을 때, (Psorinum도 도움이 되지 못했다) 그의 발진 샘플을 가지고 왔다. 그것을 강화시켜서 환자에게 복용토록 했다. 비록 처음에는 치료가 되진 않았지만 얼마간의 호전이 있는 것 같았다. 그 후에 계속 치료를 하자, 그의 질병은 마침내 자취를 감추었다.

The Homeopathic Recorder (불행하게 날짜를 기록하지 않았음)의 구판에서 흥미로운 Isopathy case의 하나를 본적이 있다. 그 이야기는 Dr. Underhill Jr.에 의해 치료 받은 한 여성에 대한 이야기였다. 지금까지 그가 보아온 가장 최악의 류마티스성 관절염 가운데 하나이라고 기술했다. 그리고 여자 환자는 또한 특이한 피부 증상을 가지고 있었다. 여러가지 치료제를 시도했으나 성공하지 못했다. 그리고 마침내 좌절 속에서 여자 환자에 혈액으로부터 만든 몇 가지 potency를 (30,200,1M) 투여 했으나 다시 실패했다. 그 환자는 마침내 치료 되지 않은 채로 사망했다. 그 후에 그 여성의 딸이 Ichthyosis와 유사한 피

부 증상을 치료하기 위하여 내원했다. Dr. Underhill는 다음과 같은 경험담을 이야기했다. “이 피부 증상 그녀의 어머니 것과 매우 흡사했다. 그리고 그녀는 관절통을 호소하기 시작했고 그녀의 어머니 혈액으로 만든 강화 치료제를 시도하고 싶은 유혹이 너무 강했다. 나는 그것을 처방했고 반응을 얻었다. 그 치료제는 그녀의 증상을 불타오르게 했고 침대에 몸 져 눕게 되었다. 그러나 나는 나의 입장을 고수하여 아무 조치를 하지 않았다. 감히 그것을 다시 처방할 수 없었고 다른 무엇을 할 수 없었다. 그리고 그 진행을 내 버려두었다. 끔찍한 악화현상 후에 그녀는 극적인 회복을 했고 Ichthyosis도 완전히 없어졌고 재발 되지 않았다. 그러나 그녀에게 감히 다시 처방할 수 없었다.”

위의 반응이 Symptom-similarity 때문이었는지는, 즉 Isopathy 관계가 논쟁거리인지, 모르겠지만 그 결과는 확실히 놀라운 것이었다.

Impoderabilia

치료제 가운데 일부는 ‘imponderable : 不可量’으로 분류 되어 Isopathy에서 사용되고 있다. Electricitas는 번개로 고통 받는 사람들에게 도움이 된다고 한다. 그리고 나는 과거에 많은 E.C.T 치료를 받은 경험이 있으며 다른 치료제에 반응하지 않았지만 이 치료제에 극적으로 반응을 보인 한 환자를 알고 있다. 상위 권력부에 과민한 사람들과 타인들로부터 과다한 눈길을 끄는 사람들에게도 적합할지도 모른다는 생각을 할 수도 있겠다.

유사한 방법으로, Sol. 역시 태양 빛에 전혀 혹은 거의 노출할 수 없는 수많은 사람들에게 도움을 주고 있다. Luna도 달에 의하여 나쁜 영향을 받는 사람들과 정신병 환자들에게 도움이 된다고 보고되었다. 최근에 나는 보름달이 뜨기 직전마다 악몽과 수면 장애로 고통을 받아 왔던 한 환자를 치료한 적이 있다. Luna를 처방 하려고 했었지만, 나머지 그림들이 Nat-mur을 제시했다. 나는 Nat-mur를 처방했으며 그 케이스를 치료했다.

위의 사례들은 Isopathy가 다른 동종의학적 방법에 부가적으로 사용했을 때 얼마나 도움이 될 수 있는지를 보여준다. 이 방법이 자체가 얼마나 많이 지속적으로 치료 결과를 나타낼 것인지에 대한 증거가 많지 않다. 그러나 어떤 것들도 그 케이스를 만족시키지 못했을 때 Isopathy가 매듭을 질 수도 있을 것이다.

이전에 대규모 의견 센서스를 했었는데 'Disease Nosode가 상응하는 자체 질환에 대해서는 반응하지 않는다.'라는 의견이 많았다. 예를 들면, Medorrhinum은 Suppressed Gonorrhea에는 효과가 있지만 급성 임질에는 효과가 없었다. 그리고 Carcinosin은 Pre-cancerous 때에는 보다 적합하지만, 활동성 종양을 가진 환자들에게는 부적절하다. 왜 우리가 이러한 것들을 심사숙고 해야만 하는가? 이러한 면에서 동종의학이 그렇게 간단한 것이 아니라는 것을 의미한다.

Further Reading

I. Bernoville & G. Dano (Trans. From he French by R. Mukerji)
Nosodotherapy, Isopathy, Opotherapy
Pratap Homeo Pharmacy Clinic, New Delhi, India

Q. A. Julian
Treatise on Dynamised Micro-immunotherapy
Jain Publishing Co., New Delhi, India

Layers

정 의

어떤 환자들은 뚜렷한 증상들의 단계들을 가지고 있어서 지속적이고 완전한 치료가 되기 위해서는 적절한 순서에 의하여 독립된 처방이 필요하다는 가정 하에 처방을 하는 방법이다.

여러 명의 뛰어난 전문가들이 이 이론에 대한 지식을 가지고 있지만, 우리는 이 아이디어에 바탕을 두고 논리적인 연구 모델을 제시한 아르헨티나의 Dr. Eizayaga에게 대해서 특별히 감사해야 한다.

See also : Sequential Prescribing

The Eizayaga Model

그의 가르침에 대한 개인적 이해와 임상에서의 나의 경험을 바탕으로 Eizayaga's model을 해석해 보도록 하겠다. 원형에서의 약간 벗어남은 피할 수 없다 하더라도 Eizayaga 가르침의 정신을 유지하도록 노력하였다.

고려해야 할 4 main categories는 다음과 같다.

1) Miasmatic layer
2) Constitutional layer
3) Fundamental layer
4) Lesion layer

위의 용어들은 이 분석 방법에서만 사용되는 독특한 의미를 가지고 있으므로 다른 분석 방법에서 사용할 때와 혼돈하지 않도록 해야 한다. 다음으로는 각각의 Layer에 대해서 핵심 부분을 설명하도록 하겠다. 치료되어야 하는 단계에 따라 처방 규칙이 달라지므로 소제목 안에 포함시켰다.

A. Constitutional Layer

기본적으로 건강한 상태에서 볼 수 특징적인 증상을 지칭하는 것으로, 유전적인 것 혹은 불변적인 것들이다. 체형, 머리 색, 기본적 성격 타입, 음식 선호 경향, 온도·기후와 관련된 General modality등이 여기에 속한다. 이 레벨에 있는 모든 증상과 증후는 건강하고 정상적인 것으로서 병리적인 것도 아니고 치료 대상도 아니다.

여기에서의 치료의 목적은 예방적인 차원인데, 즉 기질을 강화하여 건강을 유지하도록 하는 데에 있다. 단지 몇 개의 Polychrest만이 사용되며 Sulphur, Calcarea carbonica, Silica, Phosphorus 그리고 Lycopodium 이 대표적인 것들이다. 예상하는 바와 같이, 유아와 어린이들이 이 레벨에서의 치료 대상이다. 반대로 성인들은 잠재되어 있는 constitutional layer 외에도 치료되어야 할 다른 layers들이 있다.

처 방

대개 치료제의 강도는 30C 이상으로 수회 이내로 처방하며 건강 유지를 목적으로 같은 강도 혹은 보다 높은 강도로 재처방 할 수 있다.

B. Fundamental Layer

이 레벨은 정신, 감정, 육체 레벨에서의 기능적 증상들을 지칭한다. 이 증상들은 습득된 것이므로 살아가면서 변할 수 있다. 질환 보다는 사람 자체에 속하는 증상이지만 건강한 상태에서 벗어난 것들을 말한다. Kentian 'constitutional' picture과 겹치는 부분이며 전형적인 증상 우열 순위가 적용된다 (see Constitutional Prescribing). 대개 슬픔, 분노, 놀람 등과 같은 감성원인론의 결과물들이다. 특정 음식에 대한 갈망과 불내성도 이 레벨에 속하는데 건강한 상태로 간주 될 수 없기 때문이다.

이 레벨에 속하는 증상 모두가 대개는 가역적이며 치료 가능하다. 치료의 목적은 기능적인 질환을 제거하고 원래의 기질 상태로 돌려 놓는 것이다. 정신적인 면이 잘 정의되어있는 대략 30~40개의 Polychrest 가 흔히 사용되는데 Pulsatilla, Natrum mur, Stramonium, Aurum, Lachesis

등을 예로 들 수 있다.

◆ Eizayaga는 경험을 통해서 환자에게 필요한 강도 보다 높은 강도를 투여함으로써 불필요한 악화현상이 일어남을 발견했다. 그리고 고 강도 치료제로부터 얻어지는 결과들이 불안정하며 제독되는 경향이 있었다. 이러한 단점을 극복하기 위하여 다음과 같은 처방 기법을 Fundamental and Lesional layers를 치료하는데 사용하였다.

처 방

Low potency (3c or 6c)로 시작해야 하며 환자의 약물 복용 정도, 예민도, 증상 심각도 등을 고려하여 하루 1~4회까지 복용한다. 환자에게 치료 반응이 지속되는 동안에는 계속 복용토록 한다. 만일 악화 반응이, 대개 복용 수일 내로, 일어나면 복용 횟수를 줄여야 한다. 하지만 경미한 악화 반응은 강도나 복용 횟수 조정 없이 대개 빨리 사라진다.

치료제가 치료 반응을 멈추면 Case taking을 다시 하여서 같은 치료제가 여전히 필요한가를 확인해야 한다. 만일 그렇다면, 한 단계 높게 그리고 같은 빈도로 복용토록 한다. 이러한 과정을 필요로 할 때까지 반복한다. 예를 들어, Pulsatilla 6 t.d.s를 초기에 주었는데 6주 후에 반응을 멈추었다면 Pulsatilla 12 t.d.s를 그리고 여전히 같은 약물이 필요하다면 Pulsatilla 18 or 30 t.d.s로 투여한다. 매우 드물게 200c 이상까지 필요할 경우까지 갈 수도 있다. 약물 강도나 빈도 수를 서서히 그리고 체계적으로 올린다면 이로 인한 문제점은 발생하지 않을 것이다. 임상에서 대개 30c까지 도달하게 될 정도이면 거의 치료가 끝나는 경우가 대부분이다.

만일 작용을 멈추고 새로운 치료제의 이미지가 나타나면(기본 기질 이미지가 아닌) 이전과 같은 방법으로 투여한다.

C. Lesion Layer

병리 과정이 한 체계, 기관, 장기 혹은 조직에 한정될 때를 지칭하며 다른 레벨과는 다르게 치료해야 한다. 급성(충수돌기염 등) 혹은 만성(관절염 등)으로 나누며, 더 나아가 Sporadic(예측 불가하게 발현, e.g. Gout), Periodic(규칙적 시간 혹은 환경에서 발현, e.g. Asthma), 혹은 Permanent(e.g. Cancer) Lesion으로 나뉜다. 가역적 혹은 비가역적 즉r 치료 가능 혹은 불가능 할 수도 있는 레벨이다.

Clinical diagnosis, Symptoms of the disease, Local modality, Concomitants and Alternation 에 바탕을 두고 처방한다. 그러므로 증상 우선순위가 기질 처방과는 역순서이다. 정신적. 육체적 일반증상은 질병이 생긴 이후에 발생했거나 악화된 것들만 사용된다. 치료의 목적은 전인 치료의 장애물이 되는 질병을 제거하는 것이다. Organ remedy와 임상지침이 있는 Minor remedy를 포함하여 모든 치료제가 사용될 수 있다.

일부 케이스에서는 Sub-lesions이 추가적으로 존재하여 Lesion layer를 치료하기 전에 우선 치료해야 하는 경우도 있다. 예를 들면, 당뇨를 치료할 때에 합병증으로 생긴 궤양이나 시각 장애를 먼저 치료해야 한다. 유사한 예로는, 암 환자가 화학 혹은 방사선 치료를 마친 뒤에 생길 수 있는 Sub-lesion을 우선 치료한다. Lesional case에서의 기본 규칙은 가장 최근 혹은 가장 제한을 주는 문제점을 역 방향으로 치료를 시작한다는 것이다.

처 방

가이드라인은 Fundamental layer 치료 방법과 동일하다. 대다수의

Chronic lesional cases 환자는 많은 약물과 다른 치료를 받고 있으므로 저강도의 약물을 반복 처방하는 것이 케이스 관리라는 견지에서 보면 매우 유용하다. 이 방법을 사용하면 많은 환자들이 큰 어려움 없이 Allopathic drugs를 끊을 수 있다.

D. Miasmatic Layer

Five basic miasmic type이 인정되고 있는데, 각각은 특정 타입의 질환에 대한 감수성이 있다 (a tendency to……). 각 적응증은 다음과 같다.

Psora : 피부질환, 소양증, 계절성 알레르기, 소화장애, 흡수와 제거 장애

Tuberculosis : 호흡기 질환, 코, 기관지, 폐, 알레르기

Sycosis : 외부생식기, 관절, 점막, 양성종양, 사마귀, 분비물, 강박증

Syphilis : 자기파괴적 경행, 자살, 사고, 궤양, 궤사, 농양

Cancer : 쇠약, 강박성향, 억압, 암전구상태, moles

대부분의 사람들은 하나 이상의 Miasm을 가지고 있으므로 가장 활동성이거나 가장 뚜렷한 것을 먼저 치료한다는 것이 으뜸 규칙이다. 그리고 Eizayaga는 환자가 충분히 회복된 후에, 치료를 굳히고 재발방지를 위하여 Miasmatical treatment를 하는 것이 좋은 방책이라고 제안한다. Miasm을 활동성에 따라 3가지 기본 레벨로 나눌 수 있다.

1) **Dormant Miasm** : 가족력, 환자 병력으로 알 수 있다. 그러나 현재에는 활동하고 있다는 증거가 없는 경우이다. 이 상황에서 만일 Nosode를 투여하면 Miasm이 활성화 될 수 있다. 환자의 장기적 이점에서는 논쟁거리가 될 수 있지만, 환자들은 이러한 경험을 싫어한다.
2) **Active Miasm** : Miasm이 활성화 되어 특정한 질환에 이환 되는 경향이 발생한다. 동종의학적 치료에도 불구하고 재발하게 된다. 치료제가 작용하는 것을 방해하고 증상이 빈번하면서도 조기에 재발하게 된다. 해당 Nosode, 30C 이상 강도, 한번 혹은 수 차례의 투여로 치료 된다. 대개 다른 layer 치료 도중에 투여한다. Nosode 투여 직후에 치료를 재개해야 하는데, Nosode 투여 직전에 작용했던 동일 강도의 치료제로 다시 시작한다. 치료 과정에서 Nosode를 투여함으로써 Miasm activity를 감소시켜서 Indicated Remedy가 정상적으로 작용하도록 한다.
3) **Exposed Miasm** : Miasm이 표면으로 드러나게 되면, 즉 환자 증상이 Nosode symptom과 일치하면, Medorrhinum or Tuberculinum 등에서 나타나는 특징적인 증상을 보이게 된다. 이 때에는 처음 환자가 내원했을지라도 해당 Nosode를 first remedy로 투여해야 한다. 이런 케이스에서도 Eizaylaga는 앞에서와 같이 점차 강도를 높여가는 방법 (Ascending potency scale)을 추천한다. 예를 들면, Tub-bov 6 t.d.s (Tub-bov 12 t.d.s) 필요하다면 계속 강도를 높임.

E. Other Layers

만일 환자가 'NWS'라는 특별한 상황에 있다면, 이것은 Acquired miasm이므로 Active miasm에서와 같이 해당 Nosode로 치료해야 한다. 대개 중간 강도 이상으로 몇 번만 복용하면 치료가 된다. 다른 layers를 아래로 감추어 모호하게 하는 Drug layer도 같은 방법으로 하면 된다.

결 점

주요 결점은 Fundamental layer 와 Lesional layer 처방을 해야 할 때가 언제인가가 때로는 불분명하다는 것이다. 대부분 케이스에서는 명백하여, active cancer or active asthma 처럼, '질환 자체의 삶'을 상당히 명확하게 가지고 있다. 즉, 대개 뚜렷한 증상들과 modalities를 볼 수 있으므로 이것을 근거로 처방을 내릴 수 있다. 그러나 Eczema, Psoriasis, and Arthritis등과 같은 질환에서는 환자와 질병의 증상이 서로 맞물려 있어서 분별하기 어렵다.

임상 경험에서 알 수 있었던 것은 하나의 케이스에서 Lesional layer이 있는지 의심스러운 경우에는 환자와 질환 모두를 커버하는 치료제를 찾아보는 것이 최우선이다. 또한 케이스의 증상을 주의 깊게 다시 연구하고 환자에게 각 증상들이 얼마 동안 있었는지 물어 보는 것도 큰 도움이 된다. 다수의 증상들이 특정 시기에 나타났다면, 그 시점에서 layer가 형성되었음을 의미한다, 특히 증상들이 나타나기 직전에 슬픔이나 다른 외상들이 일어났다면.

적응증

1) Cases with advanced pathologies, particularly the degenerative diseases
2) Cases complicated with drug
3) Complex cases showing multiple etiologies and a profusion of indicated remedies

이 방법을 사용하여 복잡하고 혼란스러운 케이스에서 각각의 layer를 분리해냄으로 엉킨 실타래를 풀어 문제를 풀었을 때 가끔 놀라기도 한다. 환자 보다는 질환 증상을 나타내는 모든 케이스에서 이 분석 방법을 고려한다.

그러나 단일 치료제 이미지를 분명히 나타내는 케이스에는 대개 적절하지 않는 방법이다. Eizayaga 방법으로 그러한 케이스를 풀게 되면 각각의 layer를 해석하더라도 같은 치료제가 결과로 나오기 때문이다. 그리고 불필요하게 케이스를 복잡하게 만들어 혼란을 일으킬 필요가 없고 오히려 기질 분석으로 쉽게 치료 할 수 있기 때문이다.

사례들

사례 1

첫번째 사례는 이 분석 방법에 이상적으로 복잡한 만성 케이스의 분해를 보여주고 있다. 이와 같은 사례는 모든 증상을 취하여 단일치료제를 찾으려는 노력이 헛됨을 보여준다. 다음 페이지에는 내원 당시에 Heart failure로 고통 받던 환자에 대해서 구축한 chronological 'Time line'을 요약해 놓았다.

환자에 의해서 표현된 것은 'NWS influenza'이었다. 그러나 이와 같은 사례에서 흔히 볼 수 있는 것처럼 이것은 빙산의 일각에 불과했다. 그럼에도 불구하고 원인론적 처방으로 Influenzinum 을 처방하여 환자를 회복 궤도에 올려놓았다. 이어서 수 개월간에 걸쳐서 Crataegus ø를 처방하여 환자의 심장 기능을 정상으로 회복시켰다. 이후에 통풍이 원래 위치에 재발해서 가라앉기까지 Urtica urens ø를 장기간 복용해야만 했다. 이 시점이 되어서야 환자는 clear functional layer를 보여 주었으며 처음에 Nux vomica 나중에는 Arsenicum album을 복용했으며, 이어서 장기적으로 constitutional and miasmatic treatment 을 받았다.

1978	——	Jaundice
1979	——	Suppressed gout
1980	——	
1981	——	
1982	——	

1983	——	
1984	——	Drugs overdose
1985	——	
1986	——	Severe viral illness
1987	——	Influenza & bronchitis
1988	——	Heart failure

위의 사례는 '억압적 치료'에 의하여 질환이 내부로 진행하는 것을 분명히 보여준다. 또한 이종치료에 의한 억압은 만성질환에서 중요한 Aetiological factor가 된다.

사례 2

두번째 사례는 Active miasm에 의해서 이들의 증상이 다른 Layer 위로 겹쳐져서 단일 치료제를 찾기 위한 노력에 혼란을 준 경우이다.

19세 된 여자환자가 수 주간 지속된 severe hay fever를 주소로 내원했다. 13세 이후로 이 증상은 매년 재발 되어 왔다고 했다. 다음은 초진 시에 저자가 본 구조이다.

Lesion layer
Fluent coryza
Bland lachrymation
Itching eyes - must rub
Wheezing ⟨ evening & night, ⟩ sitting up, ⟩ fresh air
— Indicated remedy: ⟨Pulsatilla⟩

Fundamental layer
Low thirst
Low energy ⟨ on waking
Weeps easily; ⟩ for weeping
Averse fats & pork
Dysmenorrhoea

— Indicated remedy:	⟨Pulsatilla⟩
Constitutional layer	Tall, slender build Chilliness Empty & weak from hunger Fears something will happen Extroverted and open personality Desires salt
— Indicated remedy:	⟨Phosphorus⟩
Miasmatic layer	Recurrent hay fever Allergies to wheat & milk Reacts badly to insect bites Neck glands frequently swollen Family history: hay fever; allergies; eczema; asthma
— Indicated remedy:	⟨Tuberculinum (& Psorinum)⟩

Pulsatilla 6 t.d.s.을 처방 했다. 2일째에 심한 악화현상이 발생하였으며 더욱이 몸 전체가 불편하면서 독감에 걸린 것 같은 증상도 동반되었다고 했다. 치료제를 계속 복용을 했으며 3일째에는 모든 고초열 증상은 사라졌으며 독감 유사 증세도 없어졌다고 했다. 이후에 몸 전체 에너지가 향상되었고 생리통도 줄어들었다. 약 7주 후에는 Pulsatilla가 더 이상 작용하지 않았다. Case taking을 다시 했으며 남아 있는 증상들에 가장 알맞은 치료제로서 Phosphorus 보다는 Tuberculinum이 적합한 것 같았다. 고강도의 Tuberculinum bovinum을 긴 휴지기를 두고 복용토록 했다. 알레르기와 저혈당 증세가 크게 호전 되었다. 다음해에 고초 열 증세가 재발했지만 예전 보다는 훨씬 미약했다. Pulsatilla 12를 몇 번 복용하자 즉시 반응을 보였다.

이번 사례는 Layers가 예정된 순서대로 항상 나타나지 않으므로 각 단계가 제거 된 뒤에 나타나는 증상들이 무엇이든지 그것에 맞추어 처방할 준비가 되어 있어야 한다는 것을 보여 주고 있다.

순서가 바뀐 처방

저자는 가끔 질병 증상은 일단 제쳐두고 감정과 일반 증상을 바탕으로 Kentian manner로 치료제를 처방할 경우가 있다. 이러한 경우에 간혹, 이어서 나타나는 호전은 전혀 없이, 질환 증상의 악화현상이 길고 심하게 나타날 때가 있다. 그리고 가끔은 환자가 전반적인 증상 가운데에서 일부분 호전을 보였지만 질병 상태는 분명히 악화 되었다고 말할 때가 있다. Kentian model에서는 이러한 반응은 Incurable case로 해석되어 antidotal or palliative remedy를 찾게 된다. 그러나 이러한 반응을 Layered case의 적응증으로 해석한다면 보다 큰 결실을 얻게 될 것이다. Lesional layer를 Constitutional or Fundamental layer보다 먼저 치료 한다면 이러한 경우를 피할 수 있을 것이다.

이러한 반응은 어떤 면에서는 도움이 된다. 즉, 이미 투여되어 악화현상을 일으킨 치료제가 Deep level 치료에서 반드시 필요로 한다는 것을 알 수 있기 때문이다. 다만 처방 순서가 바뀌었을 뿐인 것이다.

적절하지 못한 시기에 각 단계에 대한 처방은 부적절한 반응을 일으킬 수 있다. 즉, 생각지도 못한 반응이 일어날 수 있는 것이다. 다음의 사례에서 이러한 현상을 볼 수 있다.

사례 3

통증과 불편함을 동반한 Bartholin (vaginal) cyst를 주소로 여자 환자를 본적이 있다. 이것이 악성 종양으로 변할 수도 있다는 우려를 했으며 대체로 암에 대한 공포가 있었던 환자였다. 감기에 잘 걸리는 편이었고 Hay fever는 매년 재발 되었었다. 하는 일이 많았지만 항상 과 체중 상태였다고 했다. 생리 전에 매번 유방이 부었고 압통이 있었다. 그리고 생리는 일찍 오는 편이라고 했다. 관절 굴곡 부위에 Eczema patch가 재발되어 왔다고 했다.

이 환자는 Fundamental and Constitutional layer에서 같은 치료제를 필요로 하였고 Lesion layer로 간주될만한 국소문제는 보이지 않았다. Calcarea carbonica 200, single dose를 처방했다. 복용 후에 Cyst size가 감소했으며 불편함도 줄어들었다. 전반적으로 몸이 편해졌고 생리도 개선되었다. 그러고 난 뒤에 독감 유사 증세를 수일간 보였으며 이후로 밤마다 마른기침을 했다.

기침이 지속되는 것 같았고 그녀의 뚜렷한 Miasmic background를 고려해서 Tuberculinum, ascending collective single dose (30-200-1M)을 투여했다. 결과는 수일 내로 나타났다. 그녀는 감정적 불안 상태로 되어 달랠 수 없을 정도로 흐느꼈고 마음을 상실한 채 완전히 비애에 사로 잡힌 듯했다. 하지만 원인은 모르겠다고 했다. 얼마 뒤, Panic attack이 오기 시작했다. 실신할 것 같았고 몸이 떨리고 숨을 쉴 수 없을 것 같은 느낌이 있었다고 했다. 손에는 핀이나 바늘과 같은 심한 통증이 있었다. 상태가 심해졌으므로 더 이상의 치료제를 복용하는 것에 대해 공포를 가졌다.

달래고 달래어서 Ignatia 6를 하루 3회 필요할 때마다 복용하도록 하고 치료제를 발송했다. 수일 내로 그 증상은 가라 앉았으며 더 이상의 치료제 없이 전반적인 향상을 지속했다. Miasmic level에서 처방했던 Tuberculinum이 그와 같은 반응을 불러일으켰음이 확실해 보인다. 원인으로는 아마도 약을 너무 조기에 투여했던 것으로 생각된다.

위와 같은 사례에서 되새길 수 있는 것은 Homeopathy가 어디까지 도움을 줄 수 있는가 이다. 분명히 잘못된 길로 갔을 지라도, 생체는 반드시 반응을 함으로써 우리에게 해야 될 필요성이 있는 것이 무엇인지를 정확하게 보여주고 모든 것을 정리할 황금과 같은 기회를 준다. Layers는 가끔 충분하게 변장될 수 있으므로 치료가 진행할 때마다 처음에 감지했던 케이스에 대한 것들을 항상 조절하고 혹은 심지어 포기할 수 있도록 준비하는 것이 여러분들에게 권할 만한 지침이다.

Further Reading

I. Watson
Therapeutics & Layers
Audiotape set
Central Homeopathy, Pelsall, Walsall, England

Miasmatic Prescribing

정 의

Miasma = defilement, pollution

이 방법은 모든 사람들에게는 걸리는 질병에 있어서 특별하면서도 일정한 패턴이 있는 소질을 생산하는 유전된 혹은 획득된 에너지의 장벽 혹은 장애가 존재한다는 가정에 바탕을 두고 있다. 이 방법의 절대적 아이디어는 Hahnemann에 의해 고안되었는데, 즉 잠재되어 있는 Miasm을 치료하지 않고는 만성질환 상태를 근본적으로 그리고 영원히 치료하는 것은 불가능하다는 것이다.

처방기법

이 방법에는 2가지 변형이 있다. 첫 번째는 질병의 생산물이나 병든 조직으로부터 만들어진 치료제, 즉 Nosodes를 이용하는 방법이고,

두 번째는 의문상에 있는 Miasm과 특별한 관계를 가지고 있다고 알려진 '전통적인 치료제'를 이용하는 것이다. 실제적인 처방 기술은 어느 접근 방법을 택하느냐에 따라 바뀔 수 있다.

Nosodes의 사용

일부 전문가들은 다른 약물들과 Nosodes 사이에 차이가 없으며 Symptom-similarity 외에 다른 방법으로 처방할 근거가 없다고 간주한다. 저자는 이런 소견을 대규모의 임상 경험을 부인하는 다소 편협된 시각이라고 본다. Nosodes는 분명히 사용에 있어서 특정 분야를 가지고 있고 다양한 다른 방법에서 처방 될 수 있다는 많은 증거들이 있다. 그러나 Nosodes는 repertories에서 불충분하게 소개되고 있어서 만일 처방의 근거로서 Repertorization이 사용된다면 Nosodes는 거의 처방 되지 않을 것이다. 이것은 Nosodes가 사실 가장 흔히 필요한 약물들 가운데 하나라는 저자 개인의 그리고 다른 전문가들의 경험과는 일치하지 않는다.

5 Major miasmatic Nosodes는 Psorinum, Medorrhinum, Syphilinum, Tuberculinum, 그리고 Carcinosin이다. 다음에 열거된 것은 Major Nosodes를 고려해야 하는 각각 다른 상황이다.

1. When Nosode is indicated as a remedy : Psorinum or Tuberculinum은 하나의 remedy로서 현재의 증상 그림을 근거로 해서 독자적으로 처방 되어야 할, 혹은 처방 되는 약물이다. Nosodes가

repertory 상에서 두드러지게 나타나지 않더라도, 처방하는 사람은 Nosode picture 에 대해서 정통해야 한다는 것을 명심해야 한다.

2. When Indicated remedies fail : 잘 선택된 약물이 작용에 실패할 때가 있는데, 이것은 적절한 Nosode로 치료가 필요한 Active Miasm이 존재한다는 것을 의미한다. 물론 'well-selected'라는 말은 상대적인 말이며, Nosode는 반응이 없는 경우에 생각해야 할 옵션 가운데 하나일 뿐 이다는 것을 명심해야 한다. 'Lack of reaction'은 전통적으로 Psoric Miasm의 증거라고 생각되어 왔지만, 사실은 모든 종류의 Miasm이 선택된 약물의 작용을 억제할 수 있는 능력을 가지고 있다.
3. When Patient relapses : 가끔은 복용한 약물이 환자에게 작용을 나타내기도 하지만, 기간이 짧고 환자의 상태가 예전으로 재빨리 돌아가게 된다. 다른 가능성은 증상 그림이 처방 할 때 마다 바뀌게 되지만 근본 질환은 치료되지 않은 채로 남아있다는 것이다. 양쪽 모두의 경우에서 Nosode가 근본적이고 지속적인 건강 증진이 생기게 하기 위해서 요구 될 수 있다.
4. When Acute disease fails to resolve : 만일 급성 질환이 지속되고 지시된 약물의 도움이 있더라도 환자가 완전히 회복 할 수 있는 기력이 부족하면, Nosode를 이용하여 필요한 자극을 주어서 병을 낫게 할 수 있다. Clarke는 독감이 가끔은 Tubercular Miasm을 깨우는 것 같다는 것을 관찰했으며, Tuberculinum Koch가 질질 끄는 독감을 없애는 최고의 치료제임을 발견했다. Foubister는 스스로 소멸되지 않는 백일해와 선열 모두가 몇 번의 Carcinosin

투여로 대개 완전히 소멸된다는 것을 발견했다.

5. When Miasm obscures symptom-picture : 일부 케이스에서는 우세한 증상을 보이고 있는 Miasmic tendency가 전반적인 증상 그림을 압도 할 수가 있다. 이러한 케이스에서는, 분명한 약물 이미지가 떠오르고 복용한 약물에 의해 좋은 반응이 일어나는 경우를 제외하고는, First remedy로 Nosode를 처방하는 것이 나중에 도움이 될 것이다. 이러한 경우에 증상론적으로 처방 된 약물들이 환자의 증상을 수면 위로 떠오르게 하는 것을 보아 왔기에 저자는 시간 절약용으로 이 방법이 유용하다는 것을 알게 되었다.

Porphyria로 진단된 6살 된 남아를 치료한 적이 있었는데, 주요한 내용은 핑크색 소변, 핑크색 치아, 빛에 대한 심한 불내성(특히 태양빛)－잠깐 동안의 노출에도 그의 피부는 치명적 손상을 입음－이었다. 저자를 기막히게 하는 부분은 큰 네안데르탈인 모양의 머리이었는데 흡사 추한 모습으로 사람을 괴롭히는 악귀와 같다고 최고로 묘사될 수 있을 것 같다. 증상론적 유사성을 가진 약물을 찾기 위해 여러 번 시도 하였지만 실패해서, 증상들을 잊고 그가 가지고 다니는 육중한 Miasm을 다루었다. 질환의 성격과 그의 일반적인 외모는 Syphilinum을 제시했고 (비록 가족력은 Tubercular Miasm이 우세했지만), 이 약물을 복용한 뒤 그의 피부는 상당한 호전이 있었지만 잠재 질환 상태는 치료되지 않은 채로 남았다.

흥미롭게도, 그 후에 나타난 약물 그림은 Tuberculinum이었는데, 이 약물에 반응을 했다. 이미 오래 전에 동종의학사들은 하나의

Miasm이 가라앉으면, 다른 것이 나타나게 되므로 따라서 Miasm 치료도 바뀌어질 것이라는 것을 관찰했었다. Major Nosodes 모두는 서로 연관이 되어 있어서 많은 경우에 보완적인 역할을 하여 하나가 자리를 떠나면 다른 하나가 그 일을 맡는다는 사실에 의해 이것이 입증되었다.

Miasm에 대항하는 약물사용법

Hahnemann이 Psora와 Sulph 사이의 관계를 용인한 이래로, 깊이 작용하는 약물 모두가 Anti-Miasmatic 성격에 대한 신용을 얻어 왔다. 그러므로 증상론에 유사한 혹은 그 대체로 까지 쓰일 뿐만 아니라 증상 그림이 그 Miasm과 유사한 Polychrests로 Miasmic level을 치료하는 것이 가능하다고 여겨져 왔다. Kent's Repertory에는 Syphilitic와 Sycotic miasm을 나타내는 Rubrics가 있는데, 이상하게도 Psora는 제외되어 있다. 그러나 이 rubric은 Barthel과 Klunker의 ***Synthetic Repertory*** 안에서 찾아 볼 수 있다. 이러한 Rubrics를 가장 잘 이용하는 방법은 환자의 dominant miasmatic tendency를 하나의 특징적인 증상과 동일한 것으로 여기고 Repertorization에 있어서 상응하는 Rubric을 포함하여야 하는 것처럼 보인다.

하네만의 방법

그 당시에 Hahnemann은 새 부인인 Melanie (1835~43)과 파리에서

진료하고 있었다. 그의 관찰은 Psora가 우세한 miasm이었고 너무나 유행하고 있었기에 실제적으로 모든 만성 케이스를 중요한 Anti-psoric remedy인 sulph로 치료해야 한다는 것을 느꼈다. 수년간의 임상 실험을 해 본 결과, 그가 선호하게 된 방법은 치료 초기에 Sulph를 주는 것이었다. LM potency 혹은 물이나 알코올에 희석된 Centesimal potency (최고 200c까지)를 매일 혹은 2일마다 한번씩 규칙적 간격을 두고 복용토록 했다. 그는 새로운 증상이 나타나거나 어떤 증상이 격렬하게 될 때까지 이렇게 치료했다. 이때에는 새로운 증상에 맞게 즉시 가장 알맞은 약물을 처방하고는 했다. 새로운 약물을 복용하는 동안에는 Sulph를 중단하기도 했고, 혹은 일부의 경우에서는 LM potency로 Sulph를 계속 투여하면서 질환의 새로운 면은 다른 약물을 Centesimal potency로 사용해서 함께 투여하기도 했다. 이러한 증거는 Hahnemann이 증상론적으로 전혀 맞지 않아 보이는 케이스에서 조차도 sulph를 처방했다는 것을 제시한다. 그러므로 Symptom-similarity 보다 Miasm-similarity를 근거로 처방했었음이 확실하다.

잠재된 Miasm 결정

저자가 전반적인 출발선으로 잡는 것은 유전된 질병 소인들이 할 수 있는 한 최대로 진행 하므로 전체를 적당한 크기로 나누는 것이 옳다는 것이다. 그러므로 케이스를 어떤 Miasm이 지배하느냐 보다는 얼마만큼 지배하는 가로 보아야 한다. 한 환자에게서 여러 개의 약물 이미지가 겹치는 것처럼 Miasm도 같은 맥락으로 보아야 하며 치료

시점에 강조점이 어디에 놓여 있는가를 결정하는 것이 예술인 것이다. Dominant miasm을 결정 위해서는 몇 가지 고려해야 할 사항들이 있다.

1. Family history : 조상들이 특정 질환들에 우세하게 걸렸다면 이것은 Miasmic inheritance에 대한 실마리를 던져 준다.
2. Personal medical history : 현재의 질환을 포함하여 환자 일생 전반에 걸쳐서 나타난 질환 패턴이 대개는 특정 miasmic disposition과 일치 된다.
3. Remedies which have acted well : 어떤 환자에게 예전에 반응한 약물들이 유사성이 있는 Miasmic tendency가 있다면 아마도 그 Miasm이 우세한 것이다. 가정하여 Thuja, Staphysagria 그리고 Natrum sulph가 좋은 반응을 나타냈다면, Sycotic miasm이 아마도 우세한 것이며 Medorrhinum이 가장 알맞은 Nosode가 될 것 같다.

획득된 Miasm

지금까지는 유전성 질환 경향에 대해서 언급했는데 실제로 임상에서 가장 흔히 접하게 된다. 하지만 Miasm은 여러 가지 방법으로 사람의 일생 동안에 획득될 수도 있다. 첫째는, 급성 질환을 앓고 난 뒤에 만일 만성질환이 발생한 경향이 있다면 이것은 Miasm이 획득되었을 가능성이 있다. 예를 들어, 만일 어떤 사람이 수두를 앓고 난 뒤에 건강을 회복하지 못했다면, 이것은 Miasm을 획득했을 수 있으며 대개 적절한 Nosode를 한번 투여함으로써 회복 할 것이다. 이 케이스에서는 Varicella가 적절하다. Morbillinum, Parotidinum, Influenzinum등과 같은 Acute disease Nosodes가 이런 방법으로 사용 될 수 있다. Dr. M. L. Tyler는 이러한 것들을 임상에서 폭 넓게 사용했다. 그녀의 저서를 읽어 보면 뛰어난 케이스들을 찾아 볼 수 있다.

또한 Miasm이 접촉에 의해 다른 사람에게 전파될 수 있다는 증거가 있다. 물론 영향 받은 사람에게 이미 감수성이 내재한다는 가정하에서 하는 말이다. 저자는 이러한 현상이 성 접촉에 의해서 전달 될 수 있는 Sycotic Miasm에서 가장 분명하게 일어나는 것을 보아왔다. 그러나 이러한 현상이 어떤 사람이 Gonorrhea에 감염되었다는 것을 의미하지는 않는다. 실험실 검사상에서는 대개 확인 할 수 없다.

사 례

31살 된 여자 환자가 Persistent vaginal discharge를 주소로 내원했는데, 양이 많고, 갈색이고, 가끔은 혈흔이 있었고, 이상 하리 만치 심한 냄새가 난다고 했다. 2년 전에 질 감염에 걸려서 항생제로 치료했고, 그 후로부터 이러한 증상이 생긴 것 같다고 했다. 통증은 없어졌지만 분비물은 악취가 났고 지금까지 낳지 않았다고 했다. 이것 외에는 그녀는 지금까지 건강하게 지냈고 현재도 전반적인 건강 사태는 우수했다. 그녀는 장수 식품을 복용하고, 규칙적으로 요가를 했고, 건강에 대한 그림을 본다고 했다. 노트에 적은 다른 유일한 소견은 수년전부터 있었다는 좌측 손등의 flat wart 뿐이었다.

그녀의 일반적 그리고 정서적 증상은 Lycopodium을 제시했지만 그다지 잘 맞는 것 같지 않았고 특히 그녀의 주요 증상을 커버하지 못했다. 그 대신 저자는 분비물의 특성을 채택하여 Kreosotum 30을 처방 했는데, 분비물이 극적으로 없어졌지만, 약물을 중단하자마자 바로 재발 되었다. 즉, 증상 완화는 시켰지만 치료 된 것은 아니었다.

그녀가 다시 내원 했을 때, 저자는 원인론에 대해서 좀 더 질문하기로 결심했다. 그 결과 그녀가 새로운 남자와 관계를 시작한 뒤 수개월 후부터 분비물이 나타나기 시작했다는 것을 알아냈다. 그녀가 알고 있는 한, 그녀의 새 파트너는 임질에 걸린 적이 없지만 확실하지는 않다고 했다. 아무튼 이번 케이스는 Acquired Sycosis처럼 보여서 Medorrhinum 200을 처방 했다. 약물 복용 얼마 후, 그녀의 생리가 시작 되었는데 비 정상적으로 양이 많았다. 하지만 분비물이 그랬던 것처럼 생리는 가라앉기 시작했고 다시는 모든 증상들이 재발 되지 않았다.

Miasm이 실제로 획득 될 수 있는지, 혹은 단지 dormant state에서 깨어나는 것인지는 논쟁의 여지가 있다. 위의 케이스에서는 latent Sycosis를 제시할 만한 가족력이나 개인 병력이 전혀 없다. 그 후에도 저자는 섹스 파트너가 바뀌거나 결혼한 뒤와 같은 'Never Been Well Since'를 가진 환자들을 치료했었는데 그 가운데 몇몇은 Medorrhinum이 치료 약물이었다. 한 가지 사례로, 건강하게 지내오던 70대의 여자 환자가 내원한 적이 있다. 68세에 결혼했고 그 직후로부터 지독한 Rheumatoid Arthritis가 발생했다. Medorrhinum을 복용한 뒤 수 주 동안 코와 목에서 green pus와 같은 분비물이 나오고 난 뒤에 그녀의 관절염은 극적으로 호전되었다.

새로운 Miasms?

동종 의학사들은 Hahnemann에 의하여 발견된 3가지 Miasms(Psora, Sycosis & Syphilis)가 서로 간에 접목이 되어와서 Tuberculosis와 Cancer 등의 "New Miasm"들이 결과물로 태어났다는 점에 대해서 심사숙고하여 왔다. 임상 경험은 이러한 New Miasm들이 존재한다는 것을 분명히 뒷받침하고 있어서, Tuberculinum과 Carcinosin이 현재는 Materia Medica에 절대 필요한 부가물이 되었다. 이야기는 거기에서 끝날 것 같지 않다. 장래에 씨름해야 할 다른 Miasms가 있을 것이라는 가능성을 항상 열어 두고 있어야 할 것이다. 어떤 동종의학사는 방사선, 중금속, 그리고 석유화학적 Miasms이 이미 병리적 경향의 피라미드를 형성하고 있다고 언급하고 있다. 저자는 이것을 완전히 신뢰할만한 주장이라고 본다.

Miasms의 활동성

넓은 스케일로 보면, 급성 질환의 대유행과 흡사하게, Miasm은 활동성에 있어서 주기성을 가지고 있어서 전구 증상기, 최고조기, 그리고 감퇴기를 거친다. 하네만은 그 당시에 Psora가 가장 지배적이고 Sycosis와 Syphilis는 좀 덜 우세한 것을 주목하였다. 1800년대 후반기와 1900년대 초반기에 활동했던 유럽과 미국의 동종의학사들은 Tubercular Miasm이 점차 우세를 띠기 시작한다는 현상을 관찰했다. 그 다음으로는 Sycotic Miasm이 한 시기를 풍미했다. 현재에는, 소위 선진국이라고 불리는 나라에서는 Cancer Miasm이 활동의 극치를 향해 내닫고 있고 Sycotic과 Tubercular Miasms도 여전히 두드러지게 많이 존재하고 있다. Syphilitic Miasm은 현재에는 그 존재가 상대적으로 희미하게 되었지만 결코 완전히 없어지지 않았다. 사실 suppressed Syphilis와 A.I.D.S 사이의 강력한 관계를 제시하는 증거가 나타나고 있다. A.I.D.S가 Syphilitic Miasm과 밀접한 관계가 있을 수 있다는 점은 아마도 A.I.D.S 환자에게 가장 흔히 사용되는 약물들로 Arsenicum album, Mercurius and Nitric acid등과 같은 Anti-syphilitics가 사용되어 왔다는 점에 기인하는 것 같다.

유전성 질환들

만일 Hahnemann의 Inherited miasms 이론을 사실로 받아들인다면, 양방의학에서 유전병으로 간주되는 모든 종류의 질병은 Miasmatic basis로써 치료되어야 한다. 예를 들면, Down's syndrome 혹은 Cystic fibrosis를 가지고 태어난 아기들은 필연적으로 하나 혹은 그 이상의 Nosodes가 치료과정에서 필요할 것이라는 점은 확실히 진실처럼 보인다.

활동성의 레벨

Dr. Eizayaga는 Miasm이 나타나는 활동성의 다양한 레벨을 명확하게 설명한다. 이에 대한 설명은 'Layer Method' Chapter에 언급되어 있다.

Further Reading

J. H. Allen
The Chronic Miasms; Psora and Pseudo-Psora (2 Vols.)
Jain Publishing Co., New Delhi, India

H. C. Allen
Materia Medica of the Nosodes
Jain Publishing Co., New Delhi, India

D. M Foubister
The Carcinosin Drug Picture
Indian Books & Periodicals Syndicate, New Delhi, India

S. Hahnemann
The Chronic Disease : Their Peculiar Nature and Their Homeopathic Cure
Jain Publishing Co., New Delhi, India

R. D. Micklem
Carcinosin : A Compendium of References
R. D. Micklem, Queensbury, Bradford

P. S. Ortega
Notes on the Miasm - National Homeopathic Pharmacy, New Delhi, India
H. A. Roberts
The Principles and Art of Cure by Homeopathy
Jain Publishing Co., New Delhi, India

P. Speight
A Comparison of the Chronic Miasm
Health Science Press, Saffron Walden, Essex

I Watson
Understanding the Miasm - Audiotape set
Central Homeopathy, Pelsall, Walsall, England

Organ Remedies

동의어 : Organ Supports; Drainage; Organopathy

정 의

이 방법은 다음과 같은 가정 하에 처방이 이루어진다.

a) 각 치료제는 특정 장기에 대해서 고유의 친화력을 가지고 있다.

b) 전인적인 치료가 이루어지기 위해서는 특정 장기나 시스템을 치료할 필요가 있거나 치료가 바람직한 환자들이 있다.

역사와 발달

Paracelsus (1490~1541)는 인체의 각 장기는 본질적으로 짝을 가지고 있다는 아이디어를 임상적으로 훌륭하게 사용하였다. 전통적인 약초 의학에서는 많은 물질들이 Doctrine of Signatures를 적용함으로써 사용처가 밝혀졌는데, 즉 식물의 형태, 색채, 자생처 등의 특징들이 치료 적응증의 안내자 역할로 활용된다. 많은 치료적 식물들의 일반명은 그들의 장기-친화성을 잘 반영하고 있다. 예를 들면 Eyebright (Euphrasia) Liver-wort(Hepatica), Knitbone (Symphytum), Lung-wort(Sticta), Chaste-tree (Agnus castus), Squaw-root (Caulophyllum) and Blood-root(Sanguinaria) 등이 있다. 실제로 모든 경우에서, 이러한 원래의 관찰된 것들이 동종의학적 임상에서 증명되어졌고 사용됨으로써 이들 약초들의 효능이 확증 되었다.

Rademacher

19세기 초에 독일에서 진료를 했던 그는 Hahnemann과 지지자들에 의해 소개된 전혀 새로운 체계와는 다른 독립된 스스로의 치료 체계를 발전시켰다. 전반적으로 보면 그는 전통약물과 생약 모두를 사용한 경험주의자였다. 그는 저서를 통해서 Paracelsus에게 빚을 졌다고 했으며 그로부터 많은 영감을 얻었다고 기술했다.

Rademacher는 전체를 치료할 때 필요한 "Universal remedies"와 부분을 치료할 때 필요로 하는 "Organ remedies"를 명확하게 구분할 수 있었다. 경험을 통해 많은 질환들은 특정 장기 내의 불균형에 의해 발생함으로 그 장기 기능을 정상적으로 돌려 놓을 수 있는 약물에 의해 완전히 치료 될 수 있다는 것을 알았다. Organ remedy는 오직 그 장기의 원발성 문제만을 치료 할 수 있으므로 장기 질환의 원천을 정확하게 파악하는 것이 필수적이라는 것을 강조했다. 그리하여, 예를 들면, 만일 호흡기 증상이 간질환에 의해 나타난 부수적인 것이라면 요구된 것은 Liver remedy이다. 장기 질환의 원천이 의심스러운 경우에는, 특히 복통이 특징적인 증상일 때, 발병의 끝 무렵에 가장 최후까지 잔존한 통증이 어디에 머물렀느냐에 주목해야 한다고 했다. 여기에서 증상의 근원 장기를 찾을 수 있다고 말한다.

또 Universal remedy는 전체적 질환만을 치료할 수 있고 질환을 앓고 있는 장기로부터 기인하는 증상은 치료할 수 없다고 언급했다. 동일하게 Organ remedy는 순수 장기 질환만을 치료하며 특정 장기에 우연히 처음으로 증상이 나타난 전체적인 질환을 치료하지 못한다고 했다.

Rademacher 저술을 번역한 A. Ramseyer에 따르면, 독일어 원본이 각각 800 페이지가 넘는 2권으로 확장되었고 4판까지 나왔다고 한다. 교수용으로 나온 영문판은 단지 100 페이지 분량이므로 대다수의 보물들이 아직도 묻혀 있는 것이 분명하다. 장래에 이 잠재성 있는 정보의 광맥이 완전하게 조사되기를 바란다.

James Compton Burnett

그는 19세기 후반 영국에서 처방하는 장기 약물 연구를 하여 Homeopathic context에 삽입했다. 그는 증상론-유사성에 근거한 처방과 장기 유사성에 근거한 처방 사이의 차이점을 지적했는데, 두 가지 모두 The law of similarity 적용에 근거가 동일하게 있다고 보았으며 케이스에 합당하게 사용해야 한다고 했다. 출판되어 있는 그의 저서를 볼 수 있다는 것은 우리에게 행운이다. 그의 임상 케이스들에서 장기 약물의 사용에 대해서 자세한 내용을 알 수 있다.

Burnett은 Paracelsus와 Rademacher의 연구 업적으로부터 영감의 대부분을 얻었다고 했지만, 특정 장기를 치료함에 있어서 그가 발견한 많은 remedies를 사용하도록 추천하는데 있어서 확실한 적응증을 줄 수 있었다. Carduus marianus, Chelidonium, and Ceanothus 등이 그 예들이다. 그는 이 연구를 발전할 수 있는 충분한 자격이 있었는데, 그 역시 매우 유능한 동종의학사였다는 제쳐두고라도, 진단에 있어서 대가였으므로 촉진과 망진을 통해서 개인의 장기의 약한 부위를 정확하게 알아낼 수 있었다.

프랑스인의 공헌

대륙에서는 Nebel, Vannier, Julian 등과 같은 프랑스 동종의학사들이 Organ therapeutics 분야에 많은 공헌을 했다. 그들은 'Drainage'라는 개념을 도입하여 Indicated constitutional remedy를 복용하기 전에 장기나 체계가 제독되고 조절되어야만 불필요한 aggravation을 원천적으로 피할 수 있다고 한다. 또한 Sarcodes와 Sarcode-derivatives를 이용하는 것에 대한 방대한 작업을 했는데, 특히 내분비계로부터 만들어진 것들이다.

처방 기법

Organ prescribing에서는 대개 낮은 강도 (up to 6x)나 원액을 사용

한다. 증상론-유사성의 수준은 매우 미약할 것이다. 대개 Burnett's guidance를 따르고 있으며 원액 5 방울을 약간의 물에 타서 매일 3회 복용토록 한다. 어린이들에게는 2 방울 정도면 족하다. 간혹 Homeopathy-mother tincture 보다는 믿을 만한 약초 공급자로부터 얻은 추출액을 사용하는데, 이들이 치료에 더 적합하다는 것을 알았다. 이들로부터 공급받은 원액들은 농도가 진해서 성인에서 대개 2~3 방울이면 충분하다는 것을 알게 된다.

만일 원액을 복용중인 환자가 어떠한 새로운 증상을 호소하면 이것은 대개 약물은 정확한 것이지만 복용량이 높았다는 증후이다. 용량을 줄여서 처방하면 대개 어떠한 불편함도 없이 요구되는 치료 반응을 볼 수 있다. 심장 문제로 Crategus ø을 복용 직후에 욕지기를 약간 느낀다고 말하는 몇몇 사람들이 있었는데, 대개 용량을 5 방울에서 2방울로 줄이면 더 이상의 문제없이 그 치료제에 잘 반응한다. 저자는 이 방법에서 원액에 예민한 반응을 보이는 환자들은 아마도 이 원액이 장기 친화성뿐만 아니라 증상론-유사성에서도 적응증이 있지 않을까 라는 막연한 느낌이 든다.

개인적으로는 다른 레벨의 치료를 시작하기 전에 장기 레벨에서 장기 약물을 처방하는 것을 선호한다. 이렇게 하면 Organ remedy의 효능에 대해서 의심의 여지가 없어진다. 사실 나는 이 방법에 의한 놀라운 결과들을 보기도 한다. 일부 진료자들은 Constitutional Remedy를 고강도로 주고 Organ remedy는 원액 혹은 저강도로 동시에 처방하는 것을 선호한다. 이 처방 기법에 대한 비판적인 생각은 없지만 그렇게 하면 배움의 기회를 잃어버릴 수도 있다. 일부 응급 상황에서는 동시에 다방면적으로 치료해야 하지만 나에게는 예외적인 경우이다.

Sarcodes

Organ prescribing은 Sarcodes & Sarcode-derivatives (Potentised healthy organs & their secretions)의 사용을 포함하는데, **Thyroidinum, Insulin, Adrenalin** 등이 그 예들이다. 장기들이 Potentised Sarcodes & Sarcode-derivatives에 치료적으로 반응한다는 풍부한 증거들이 있다. 일부 remedy는 동물의 해당 장기로부터 만들어지기도 하는데, 예를 들면 Thyroidinum은 양의 갑상선을 말린 것으로부터 추출 된다. 다른 것들은 실험실 표본에서 얻어진 인체로부터 만들어진다.

프랑스 연구에 따르면, 같은 물질이라도 강도가 다르면 치료적인 사용이 다르다고 한다. 그리하여 Folliculinum을 예로 들면 3x 나 4c 강도는 장기 기능을 촉진시키고, 7c 강도는 기능을 조절하고, 9c는 억제한다고 한다.

Sarcodes의 사용법

나는 대개 심미적인 이유로 Sarcodes 보다는 herbal organ support remedy를 선호한다. 그러나 Sarcodes가 반드시 필요한 경우들이 있다.

1) 환자의 장기 혹은 그 일부가 손상, 파괴, 그리고 수술적으로 제

거 되었을 유용하다. 하나의 예로는, 뇌 종양 수술을 받고 회복한 소년이 있었는데 그 후에 그의 성장은 멈추어 버렸다. 뇌하수체를 침범한 뇌종양 때문이라고 생각되었다. Constitutional treatment는 전반적으로는 도움이 되었지만 주요 문제인 성장에는 영향을 주지 못했다. 결과적으로 그 소년에게 Pituitrin 30을 일주일에 한번 복용토록 처음에 처방했고, 수 개월에 걸쳐서 용량을 줄였다. 치료제 복용 직후부터 그 어린이는 정상적으로 성장하기 시작했다.

2) 약물에 의해 장기가 억제 되었을 때 유용하다. 스테로이드에 의해 부신 피질이 억제되는 경우가 좋은 예이다. 결과적으로 일어난 에너지 결핍은 스테로이드를 끊으면 사람을 황폐하게 하지만, 수 주 혹은 수 개월에 걸쳐 낮은 강도의 Adrenal whole gland를 투여하면 회복이 촉진될 수 있다.

3) 이환된 장기의 분비물을 대체하기 위한 약물에 의존성이 있는 환자들은 적절한 Sarcode로 치환함으로써 용량을 최소화 하거나 완전히 끊을 수 있다. 예를 들면, Myxoedema 환자들을 본적이 있는데 저강도의 Thyroidinum을 복용한 뒤 Thyroxine을 줄이거나 끊을 수 있었다. 가끔은 더 치료하게 되면 Sarcode 자체도 차후에 끊을 수도 있지만, 장기 기능이 회복되지 않는 일부의 경우에서는 유지 용량을 지속해야 한다.

인도 출신의 Dr. Muzumdar는 Insulin remedy를 이용하여 당뇨 환자에게서 고무적인 결과를 얻었다. 이 분야에 대해서 보다 폭 넓게 연구해야 할 거대한 부분이 있다고 확신한다. 전통적인 동종의학 방법을 포함하여 다른 모든 방법에 의해서 불치 판결을 받은 많은 환자들이, 만일 우리가 Sarcode나 Organ remedy를 보다 효과적으로 사용하는 방법을 알았더라면, 다른 예후를 가졌을 지도 모르겠다.

몇 가지 뛰어난 Organ Remedies

아래에 저자가 흔히 임상에서 사용하는 몇 가지 선두적인 장기 약물들을 소개하였다. 하나 이상 열거가 된 것들은 케이스의 증상을 고려하여 치료제를 선택하여야 한다. 굵은 글자로 된 것들은 specific Organ Remedy를 선택할 특이한 증상이 없을 때 장기의 허약 혹은 기능 이상을 직접적으로 겨냥해야 하는 경우에 가장 유용하게 쓰이는 치료제이다.

치료제 이름과 강도는 확정적인 것은 아니고 다만 제안적인 개인 지침이다. 저자가 임상에서 사용하지 않았거나 사용되는 것을 본적이 없는 것들은 제외 되었다. 개인적인 성향이 있을 수 있으므로 저자가 열거한 것들 외에 동등하거나 더 우수한 효능이 있는 치료제를 발견한 독자들이 있다면 이에 대한 기여를 환영하는 바이다. 독자들

이 Polychrest Remedies이 가지고 있는 각각의 장기 친화성에 대해 익숙하리라 믿으면서 이 부류들은 대개 제외시켰다.

다발성 장기 친화성을 가진 약물

일부 Organ Remedies는 하나 이상의 장기 친화성을 가지고 있어서

환자가 유사한 증상 혼합을 가지고 있는 경우에 사용할 수 있을 것이다.

다음은 몇 가지 예들이다.

Respiratory & Gastric organs	Lobelia-inflata φ , Grindelia 3x
Respiratory & Heart	Spongia 6, Iodum 6
Uterus & Urinary organ	Thlaspi-bursa-past. φ
Kidneys & liver	Berberis-vulgaris φ
Heart & Liver	Digitalis 6-30, Aurum met. 6
Heart & Kidneys	Spartium φ , Strophanthus φ , Eel-serum 6

사용시기

저자의 경험으로는 Organ Remedy를 현재보다 더욱 널리 사용해야 한다고 생각한다. 여기에는 많은 이점들이 있기 때문이다. 첫째로는,

환자의 증상이 호전 되었지만 특정 장기의 허약함이나 기능장애가 남았을 경우이다. 이러 경우에서 장기의 허약은 치료에 장애가 될 수 있으며 허약함이 교정 될 때까지 Indicated Constitutional Remedy 가 제대로 작용하지 못한다. 이러한 경우들이 Rademacher가 말한 Primary organ disease로 간주되며, 때로는 organ remedy가 이런 경우에 투여 되면 마치 Constitutional Remedy이었던 것처럼 전체를 향상시키게 작용한다.

Brain & Nervous System	Avena sativa φ . Kali phos. 6x, Hypericum 6–CM
Heart	Crataegus φ , Strophanthus φ , Cactus φ , Adonis vernalis φ , Convallaria φ
Valves	Spongia 6, Naja 6
Digestive organs	Alfalfa φ , Hydrastis φ
Stomach	Hydrastis φ
Liver & gall–bladder	Chelidonium 0–3x, Carduus marianus φ . Taraxacum φ , Cholesterinum 6x–200, Hydrastis 0–6x, Mag. Mur. 6
Spleen	Ceanothus 0–6, Quercus φ
Urinary organs	Berberis vulg. φ , Uva–ursi φ
Kidneys	Berberis vulg. φ , Solidago 3x
Bladder	Equisetum φ , Triticum rep. φ
Female organs	
Breast	Phytolacca 0–CM .
Uterus	Fraxinus Am. φ . Helonias 0–6, Caulophyllum 6x–10M Thlaspi bursa pastoris φ
Ovaries	Folliculinum 6–30, Oophorinum 30
Male organs	Agnus castus φ , Selenium 6, Caladium 6
Prostate	Sabal serrulata3x, Thuja 6x, Conium 6, Pulsatilla 6x, Ferrum picricum 6
Blood(general toxicity)	Echinacea φ , Gunpowder 6x, Pyrogen 6–200, Baptisia 3x–200
Veins	Hamamelis 0–30, Vipera 12, Pulsatilla 6x, Calc–fluor 12x
Arteries	Baryta mur 6x, Crataegus φ
Skin (general under function)	Berberis aquifolium φ , Lappa arctium φ , Skookum chuck 3x–12x
Bones	Symphytum φ , Calc. phos. 6x Heckla lava 6, Phosphorus 6
Endocrine glands	
Pituitary	Pituitrin 6–30. Baryta carb 30
Thyroid	Fucus vesic. 3x, Iodum 6–30, Thyroidinum 6
Adrenals	Adrenal gland 6, Adrenalin 6
Pancreas	Phosphorus 6, Iris verso 6x

다른 경우에서는 질환이 보다 전반적인 것이지만 연결 고리에서 허약한 부위가 존재하여 기질치료를 하기 전에 이것을 강화하는 것이 이득이 될 때가 있다. 장기 허약이 원발성 이든지 아니든지 증상과 증후 더불어 과거 병력을 병든 장기를 결정하는데 단서로서 사용되어야 한다.

일반적으로, Organ remedy로 효과를 본 환자들의 대다수는 Constitutional, Miasmic, 그리고 다른 전반적인 치료를 받아야 완전하게 그리고 영원히 치유된다.

악화현상 줄이기

기질 처방을 받아서 생기는 악화현상의 대부분은 Organ remedy를 신중하게 적용하면 줄여지거나 피할 수 있다. 하네만은 치료 과정은 Rapid, Permanent, and Gentle 해야 한다고 가르쳤지만, 저자가 고강도 기질 처방을 한 일부의 경우에서는 부드럽게 치료하지 못했다.

환자들은 여러 가지 이유로 그리고 여러 가지 방법으로 악화현상을 겪는다. 그러나 처방된 Indicated Constitutional Remedy 가 환자의 약한 장기에 친화성을 가지고 있는 경우라면 심화현상이 많은 경우에 좋은 결과로 나타난다. 예를 들면, Liver가 약한 경우에 Kali-c 혹은 Lyc을 처방 했을 때, Heart가 약한 경우에 Aurum 혹은 Tuberculinum을 처방 했을 때, 그리고 배설장기가 약한 경우, 특히 피부병의 경우에, Sulphur를 처방한 등등의 케이스이다. 이러한 악화현상 타입의 대부분은 Indicated Remedy를 약한 강도로 사용했을 지라도 발생할 수 있으며, 대부분은 예측 가능하고 예방될 수 있다. 필요한 것은 오로지 Constitutional Remedy를 투여하기 전에 가장 약한 장기를 판단하여 적절한 Organ Remedy로 교정하는 것이다. 대개 한·두 달이 걸리며 이 후에 필요한 강도가 무엇이든지 무사히 Constitutional Remedy를 복용할 수 있다.

장기 보강법의 장점

일부의 전문가들은 기질적으로 적응증이 없는 장기보강약물을 투여하면 억압적인 치료가 되며 환자에게 해를 준다고 주장한다. 그러나 Organ remedy를 폭 넓게 사용해 본 사람이면 누구나 이 주장이 터무니없는 것이라는 것을 알 것이다. 이 치료 과정에서 환자들로부터 가장 흔하게 듣는 반응 중에 하나는 그들 스스로가 호전되었음을 느끼는 것이다. 중요한 것은 이 반응이 기질 치료를 받기도 전에 일어난다는 것이다. 이렇게 하지 않으면 가끔은 전반적인 향상이 상당히 비틀거릴 수 있는 것이다.

관찰된 더 큰 이점은 Constitutional remedy picture가 대개 더욱 날카로워져서 보다 분명하게 나타나게 된다. 에너지가 더 이상 쇠약한 장기를 지탱하느라고 분산되지 않으면 이러한 현상이 나타나기를 기대하게 되고 실제로 많은 경우에 보게 된다. 가끔은 비슷한 적응증을 가진 많은 Constitutional Remedy 가운데에서 결정을 내리지 못할 때에, Organ remedy를 투여하고 난 뒤에 보다 명확한 그림이 나타났다.

사례 1

30대 남자가 4년 이상 동안 persistent wheezing으로 고통 받아 왔는데, 첫 아기가 출산 예정일 바로 직전부터 증상이 시작 되었다. 호흡은 저녁에 악화 되었으며, 음주 후에는 훨씬 더 심해졌고, 매일 Ventolin & Becotide를 사용하고 있었다. 재발되는 부비동염이 있었는데 코와 목에 탁하고 노란 점액이 주로 나왔고 역시 저녁과 음주 후에 악화 되었다. 기력이- 특히 오후 3~5시 사이에- 매우 낮았고, 잠자리에서 일어날 때는 거의 무기력했다. 단 것을 매우 즐겼고; 기름지고 튀긴 음식을 좋아했지만 섭취 후에는 속이 불편했다. 시험전과 같이 예민할 때는 변이 무른 편이라고 했다. 추위에 민감했는데 발은 특히 밤에 더 차갑다고 했다. 치아는 노란색이었고, 안색이 좋지 않았고, 양 눈 주위에 짙은 링이 있었으며, 매우 피로해 보였다. 혀는 희면서도 노란색으로 코팅이 되어 있었다. 18세 때에 단핵구증을 3개월간이나 앓고 난 뒤 회복하는데 12 개월이 걸렸다고 했다.

만일 환자가 기질적으로 치료를 받았다면, Lycopodium이 처방 되었을 것이다. 이것은 정신적인 면과 전반적인 면에 대해서 알맞은 약이었다. 증후와 증상에 주목해 보면 Liver가 가장 취약한 부분임을 알 수 있었다.

Aggravation fats; rich food; alcohol

Low energy in general; on waking; between 3pm and 5pm

Yellow complexion; catarrh; tongue

Cold extremities

Craves sweets

History of prolonged glandular fever

처음에는 심한 단핵구증과 가족력에 따라서 Carcinosin 30,200, 1M을 복용토록 했다. 부비동염 점액이 많아졌고 에너지는 약간 향상 되었지만 그 이외에는 반응이 없었다.

그 뒤에 ***Chelidonium*** fluid extract, 2 drops in water t.d.s.를 처방 했으며, 흡입 치료는 가능한 자제하도록 권유했다. 처음에 나타난 반응으로는 고약한 입맛이 났으며 수일간 지속되었다. 그 후에는 부비동염이 깨끗해지고, 후각이 좀 더 강해졌다. 그의 에너지는 상당히 증가 되었으며 천명도 흡기제 사용을 포기 했는데도 사라졌다. 혈색도 극적으로 좋아졌고, 기상 시에 생기를 느꼈으며 밤에도 발이 따뜻해졌다. Axillary glands가 수일간 부은 후에 (old symptom), 정상으로 되돌아 갔다. 4주라는 시간 안에 이 모든 일들이 Organ remedy에 의해 일어났다. 하지만 Constitutional Treatment는 여전히 필요했다. 그 후에 Lyc. 1M을 복용하고 약간의 악화현상이 있었지만 더욱 회복 되었다. 추측하기로는, 처음에 Lyc. 을 처방 했더라면 그 환자는 그 반응으로부터 상당한 고초를 받았을 것이다.

나는 놀랄 만큼 많은 케이스에서, 특히 황달, 담낭 질환, 알코올 남용, 간염이나 선열 등의 병력이 있는 경우에, Liver-support Remedy가 유익함을 발견했다. 가끔 선열은 간 보다는 비장에 허약함을 남기게 되는데, 이런 경우에는 Ceanothus가 경탄할 만한 치료제가 된다.

사례 2

수년간 지속된 Hiatus hernia를 주소로 내원한 59세 여자 환자를 치료한 적이 있다. 하루에 최소 4번에서 6번까지 매일 음식물을 토했으며, 몸을 앞으로 숙이기라도 하면 증상이 심해졌다. 가끔은 기름기가 도는 수양성 액체를 토하기도 했다. 위장 부위에 화끈거림을 느꼈고 그 느낌이 위쪽으로 올라와서 입에 신맛을 느꼈다. 비만했고 기력이 없었고 약간의 움직임에도 쉽게 숨이 찼다. 운동이나 앞으로 몸을 숙이면 심계항진이 발생했다. 몸이 덥게 되면 땀을 쉽게 흘렸지만 발은 차갑다고 했다. 낮 동안에는 손과 발목이 쉽게 부었다. 어두움과 암에 대한 공포가 있었다.

초기 인상으로는 이 환자에게는 Calc-c가 constitutional remedy로 필요로 했다는 것이었고 이 케이스에서는 위장관이 문제의 핵심이었다. 그러나, 그녀는 거의 exophthalmic look 처럼 눈을 응시했으므로 Hyperthyroidism 과 관련이 있을 것이라고 생각했다. 비록 다른 증상들은 Hypothyroidism에 일치했지만. 당혹스럽게도, 갑상선을 촉진했지만 정상 소견이었다. 더욱이, 최근에 실시한 혈액 검사는 정상이었으므로 나에게 시간 낭비하지 말라고 제안했다. 그녀의 갑상선 활동도 정상인 것 처럼 보였다. 확신이 가지 않았지만, Burnett의 제안 가운데 하나를 따르기로 결심했다. 그가 말하기를 때로는 장기 진단에 확신을 주는 신뢰를 줄만한 유일한 방법은 Organ remedy를 투여하고 반응을 지켜보는 것이라고 했다.

갑상선 기능의 조절기로 명성이 있는 *Fucus vesiculosis* 3x, one

tablet, q.d을 처방했다. 치료 2주 후에 그녀는 4일 동안 한 번도 음식물을 역류하지 않고 잘 지내었다고 했다. 몸도 호전되었음을 느꼈고, 소변량이 늘었고, 손과 발목 부종도 호전되었고, 몸무게도 줄었다고 확언했다. 다시 수주가 흐른 뒤에, 몸무게가 몇 파운드 줄었으며 위장 증세도 더욱 호전 되었다고 했다. 더 이상 작용하지 않을 때까지 Fucus를 처방했고 그 후에 Calc-c 10M을 복용토록 했는데 Fucus가 남기고 떠난 일을 잘 맡아 수행했다. 3개월 15일 동안의 치료 과정에서 식이요법이나 생활양식의 변화 없이 몸무게가 15 파운드나 줄었다.

위의 사례들은 기질치료를 하기 전에 Organ remedy를 투여한 전형적인 케이스를 모아 놓은 것이다. 만일 Fucus와 같이 처음부터 Calc-c를 처방 했었다면, 이 치료제도 분명히 그 반응에 대한 신뢰를 얻었을 것이다. Hiatus hernia 케이스에서 저자가 이끌어 낼 수 있었던 유일한 결과는 그것이 비만에 의한 이차적인 것이었으며, 이것은 다시 갑상선의 불균형 때문이라는 것이다. 이러한 사실 모두는 Rademacher가 증상이 나타난 곳과는 상당히 멀리 떨어져 있을 수도 있는 Primary organ disease에 대해서 치료해왔음을 증명하고 있다.

Further Reading

M. Wood
The Book of Herbal Wisdom - Using Plants as Medicines
North Atlantic Books

Rademacher's Universal and Organ Remedies
Translated by A.A. Ramseyer
A.P. Homeo Library, Calcutta-700001, India
J. Compton Burnett
The Best of Burnett
Jain Publishing Co., New Delhi, India

Yadubir Sinha
Miracles of Mother Tinctures
World Homeopathic Links, New Delhi- 110055, India

Jacques Jouanny
The Essentials of Homeopathic Therapeutics
Laboratoires Boiron, Lyon, France

Y.R. Agrawal
Materia Medica of Glandular Medicines
Vijay Publications, Delhi-110092, India
K. Kansal
Handbook of Homeopathic Mother Tinctures
Pratap Medical Publishers, New Delhi, India

E.A. Maury
Drainage Homeopathy (Detoxification)
C.W. Daniel Co. Ltd., Saffron Walden, Essex

Physical Generals

정 의

Constitutional treatment의 하나의 변형이다. 차이점은 신체 일반증상이 증상 우열에서 최고 등급이다. 정신. 즉 감정 증상과 신체 특이증상보다 우선순위이다. 신체 일반증상은 국소 부위가 아닌 인체 전반에 영향을 주는 모든 육체 증상 혹은 modality를 의미하는 말이다.

배 경

Boenninghausen(1785～1864)는 정신치료가 출현하기 이전에 활약한 사람으로 특이증상 보다는 일반증상에 대한 중요성에 주목을 하고는 이러한 접근 방법을 반영한 *Therapeutic Pocket Book* (최신 개정판, 2000년, G. Dimitriadis, 역자)을 만들었다. Kent 역시 신체일반증상을 강조했다는 점도 주목할 만하다. 'How to Use the Repertory'라는 논문 제목하에 Kent는 'repertorisation의 목적을 위해서는 신체일반증상과 modality를 가장 중요하게 생각했고 다음으로 중요한 것은 감정과 지능 증상들이다'라고 분명하게 언급했다.

Boenninghausen과 Kent의 가르침을 합성하여 신체일반증상 접근법을 세심히 다듬고 확대한 사람은 바로 C. M. Boger (1861~1935) 였다. Boenninghausen의 원본을 훨씬 확대하여 편집한 결과 ***Boenninghausen's Characteristics and Repertory***이 출판 되었고, 차후에 집약적이면서도 이해하기 쉬운 ***Synoptic Key of the Materia Medica***가 나왔다. 나중에 나온 책은 이 분야에서 좀 더 깊이 연구하고자 하는 사람들에게는 매우 중요하다.

Phatak's Concise Repertory

이 책은 1963년 초판 되었고 repertory book 가운데는 최근 것이다. 처방의 기초로서 일반증상을 택할 경우에 이상적인 책이라는 것을 임상을 통해 저자는 알게 되었다. 이 책에는 Kent나 다른 책에서 볼 수 없는 신체일반증상을 많이 포함하고 있다. 이 책은 Boger에 의해서 시작된 ***Synoptic Key of the Materia Medica*** 의 뒤 쪽에 있던 ***Supplemental Reference Table*** 의 증보판이다. 알파벳 순서로 되어 있으므로 독자들이 내용물에 대해 한번 익숙해지고 나면 사용하기가 쉽다.

예 제

주의할 것은 대개 single rubric에는 연관된 여러 개의 rubrics를 포함하고 있어서 보다 작고 분리되어 있는 rubrics는 보다 큰 repertory를 참조해야 한다는 것이다. 신체일반증상의 개념을 한번 파악하고 나면 분석 과정이 보다 덜 기계적으로 되고 시간도 절약되고 처방하는 사람에게는 창조성도 부여하게 된다. 아래에 몇 가지 예들이 있다.

Alternating effects, states, sides, metastasis

Ball, lump, knot etc.

Bluish, purple (discharges, discoloration of skin etc).

Children, infants

Chronicity

Desquamation, branny, scaly etc.

Duality, in pieces, separated, as if someone else

Enlarged, swelled, as if

Females, affections of

Fishy Odor. Taste, etc.

Growth affected, disorders of

Heaviness, load

Loose, as if

Lumps. Lumpy effects

Nutrition affected

Pregnancy, Childbed, affections of. Or since Agg.

Puberty, affections of

Relapses, recurrences

Salty, saltiness

Wooden feeling

Yellowness (of skin, discharges etc)

장 점

최대의 장점은 Indicated remedy에 도달하기 위해서 정신적 증상 해석이 훨씬 덜 요구된다는 것이다. 흥미로운 것은 이 방법에 의해 찾아진 치료제가, 의사가 빠트리거나 잘못 해석한 혹은 환자가 말하지 않았던, 매우 기본적인 정신적인 면을 커버한다는 것이 나중에 밝혀지기도 한다는 것이다. 정신분석을 교육 받지 않았던 저자로서는 정신적 증상이 의심스러운 경우에는 육체적 증상을 이용하여 constitutional remedy를 찾는 방법을 선호한다. 이런 경우는 꽤 자주 있다. 이러한 면이 동종의학의 장점 가운데 하나이다. 동종의학은 많은 바퀴살을 가진 Wheel처럼 같은 중심축을 가지고 있기 때문이다. 환자가 분명하게 우리에게 보다 믿을 만한 다른 길을 있다고 말하는데도 독선적인 길로 접어들 필요는 없다.

다른 장점은 정신적인 면에 일차적으로 의지해서 처방하는 의사에게는 감지하기 어렵다고 간주되는 치료제가 다른 모든 치료제를 감지하는 것처럼 쉽게 될 수 있다. 예를 들면 Thuja, Mercurius & Kali carbonicum와 같은 것들인데 이들 모두는 유사한 정신적인 특성을 가지고 있기 때문에 꼭 집어내는 것이 어렵다고 배워왔다. 그러나 임상에서 모호한 정신 증상을 무시한 채로 신체일반증상이나 특성을 이용하여 다른 치료제 만큼이나 이들 치료제들에 자주 도달하고는 한다.

일반증상의 타입

아래에는 신체일반증상으로 처방하는 사람들이 익숙해져야 할 몇 가지 영역을 나열해 두었다. Boger는 항상 modality를 특별히 강조했다. 왜냐하면 이들은 전혀 해석이 필요 없기 때문이다. 만일 천식 환자가 앞으로 몸을 숙이면 증상이 호전 된다고 말했다고 하자. 환자가 그렇게 말했다면 그런 것이다. 의구심의 여지가 없다. Modality 가운데에서도 악화된 시간이 가장 가치 있다고 강조했다. 병리적인 면에서도 대개 가장 설명하기 어려운 부분이기 때문에 modality는 환자의 특징적인 증상이 된다.

Modalities : times of day or night; periodicity; temperature; weather; seasons; moon phases; position; motion; rest; touch; pressure etc.

Sensations : heat or chilliness; throbbing; cutting; burning; sore, bruised; cramping; smarting; stitching etc.

Localities : sides of body; direction and alternation of sides; organs and tissues affected; extension of pain or sensation to other parts.

Observable signs : facial expression; demeanor; excitability; restlessness; apathy; color and nature of discharges & secretions; color and texture of skin etc.

Aetiologies : never been well since… grief; anger; bad news; vaccination; Suppressed eruptions; injury; puberty; childbirth; menopause etc

Food : cravings; strong aversions; aggravations; alterations of thirst

특별히 환자가 질환에 걸린 후부터 변화 된 것 혹은 강화 된 것이 중요하다.

예를 들면, “단 것을 매우 좋아했었지만 지금은 싫어해요”.

Menses : early; late; absent; scanty; profuse; clotted; bright; dark; painful; Ailment before, during or after

Sexual desire & function : increased; diminished; absent; perverted; suppressed.

신체 특이증상의 일반화

만일 환자가 신체의 여러 곳에서 같은 종류의 증상을 느낀다면, 이들 즉 신체특이증상을 함께 묶어서 하나의 신체일반증상을 형성한다. 이렇게 하면 각각을 처방하는 것보다 처방 가치가 더욱 높아진다. 이 접근 방법은 원래 Boenninghausen에 의해 발전 되었고 후에

Boger가 그 업무를 맡았다.

하나의 예를 들면, 환자가 우측 두통을 호소하고, 신체 우측 편에서 류머티즘이 악화 되었고 우측 신장 부위에 통증이 발생하는 경향이 있다면 이러한 환자에게서는 'Right sided'가 신체일반증상이 된다. 이러한 경우에는 우측에 강한 친화력이 있는 약물인 Lycopodium 같은 치료제가 필요할 것이다.

만성의 경우에서, 특이증상들의 일반화는 환자의 전체 병력에 영향을 끼치는 공통적인 맥락을 파악함으로써 알아낼 수 있다. 예를 들어, 폐경 홍조와 울혈성·욱신거리는 두통을 주소로 내원한 환자가 있다고 하자. 과거력을 통해 생리 첫째 날은 거의 욱신거리는 통증이 있었고 생리량이 많았음을 알았다. 20년 전에는 담석통이 있었는데 화끈거리면서 욱신거리는 통증이었다. 이 경우에서는 'throbbing'이 신체 일반 증상이다. 이 부분을 커버하지 못하는 치료제는 심층적으로 치료하지 못할 것이다.

결함이 있는 사례

처방이라는 견지에서 보면, 완성된 케이스를 얻으려는 노력에도 불구하고 어디에선가 불완전하거나 결함이 있는 영역이 있다. 또한 주목을 끌기는 하지만 하나의 결집된 형태로 떨어지지 않는 여러 개의 독립되어 있어 보이는 증상들의 그룹이 있어서 혼란을 일으키는 만성 케이스가 있다. 이런 케이스를 해명하기 위하여 Boenninghausen은 모든 지엽적 증상들이 비록 전체를 반영하지는 않는다 하더라도 조각난 부분들을 자세히 조사하면 공통점을 발견할 수 있으므로 전체 그림을 구축할 수 있다는 생각을 가지고 있었다.

예를 들어, 두통, 피부 발진, 그리고 관절 증상을 호소하는 환자가 있다고 가정하자. 이 모든 증상들을 연결하는 하나의 실마리가 있을 것이라는 것이다. 열에 의해 이 모든 증상들이 악화를 일으킨다고 한다면 이것이 하나의 신체 일반 증상이 된다. 반면 동일하게 각각의 증상이 서로 다른 sensation과 modality를 가질 수도 있다. 이런 경우에는 다른 접근 방법이 요구된다. Boenninghausen이 발견한 바는 각기 다른 지역에서 발생한 뚜렷한 단일 요인들을 선택하여서 분석할 때 같이 사용하면 케이스를 풀 수 있다는 것이다.

우선 그는 특정 위치를 얻을 것이다. 예를 들자면, Joints and Skin을 얻고, 그런 뒤에 특정감각을 얻을 것이다. 만일 욱신거리는 두통이었다면 일반적인 감각은 'throbbing'이 된다. 다음에는 modality를 찾는다. 만일 두통과 관절통이 압박에 의해 호전 된다면 general modality는 'better for pressure'이다. 그런 뒤에는 그림을 완성하기 위해서 concomitants를 찾는다. 즉 주증상 외의 항상 같이 발생하는 다른 증상, 예를 들면 매우 불안 했다면 Anxiety가 일반적 동반 증상이 된다.

위의 케이스 구조는 다음과 같이 repertorization 될 수 있다 :

Joints & Skin	— Location
Throbbing	— Sensation
〉Pressure	— Modality
Anxiety	— Concomitant

이 증상 그룹은 환자를 대표하는 증상들의 표본을 포함하는 것으로 간주된다. 그러므로 지엽적인 문제 보다는 전체를 대표하는 rubrics를 사용하여 repertorization 할 수 있는 것이다.

어떤 경우에서는 분명한 modality와 sensation을 나타내는 것이 오직 국소 증상일 수도 있다. 그러나 이들 역시 이용해야 한다. 그러나 전체 증상을 대표하는 것으로 간주하여서 general rubrics를 이용하여 repertorization하여야 한다.

사 례

수부 피부염을 호소하는 여자 환자가 있었다. 생리 전마다 악화 되었다고 한다. 손이 젖으면 가려움증이 심해진다고 했다. 예전부터 이 증상이 있었지만 아들을 낳고 난 뒤에 훨씬 더 심해졌다고 했다.

이 케이스에서는 일반 증상은 잘 정의되지 않은 반면에, 국소 증상은 명확한 그림을 가지고 있다. 이것을 전체를 대표하는 것으로 간주하고 Phatak's Repertory를 이용하여 다음과 같은 general rubrics를 골랐다.

Skin affections, Menses Agg. (p. 310)

Menses, Before Agg. (p. 229)

Bathing, Aversion to or Agg. (p. 30)

Pregnancy, Childbed, Affections of, or Since Agg. (p. 276)

Indicated remedy로 Sepia가 나왔다. 12c 강도로 투여 하였더니 전반적인 향상을 보였으며 피부염은 호전되기 시작하여 손가락에만 남게 되었다. 치료가 되는 것 같았다. 이어서 Bovista를 투여했고, 이후에는 Nat-m을 투여하여 치료를 완료했다. 이 사례에서 알 수 있는 것은 Boenninghausen이 제안 했듯이 국소 증상의 modality가 어떻게 generalized되어 좋은 효과를 나타내는지를 보여준다. 일반 특이 증상이 뚜렷한 케이스에서 이 분석 방법을 사용할 것을 특별히 추천하고 싶다. 그러나 대개 국소증상에 의존한 처방은 필히 반응에 실패하거나 증상 호전만을 가져다준다.

처방기법

Constitutional treatment에 사용하는 처방 방법과 같다. Physical general method으로 성공하기 위한 열쇠는 뚜렷한 증상만을 이용하는 것이다. Phatak's repertory에는 상응하는 증세 혹은 뚜렷한 상태를 가지고 있는 치료제만이 들어있으므로 이러한 증세만을 이용하는 것은 중요하다. 그러므로 이 방법으로 성공하기 위해서는 환자의 뚜렷한 증세를 선택하여 같은 강도의 증상을 가지고 있는 치료제와 일치 시켜야 한다. 수는 많지만 애매하거나 흔하거나 의심스러운 증상들은 항상 무시하여야 한다. 그리고 수는 적지만 강력하고 분명하고 뚜렷한 증상을 취해야 한다.

이 방법에 의한 처방은 많은 사고를 요구한다. 왜냐하면 독립된 증상들 사이에서 통합 연결을 만들어야 하기 때문이다.

적용시기

어떤 케이스에서 Constitutional treatment를 생각했지만 만일 정신. 감정 증상이 나타나지 않거나 너무 애매하거나, 혹은 너무 적거나 혹은 분석하기에 너무 흔할 경우에는 위의 방법을 사용하면 된다. 또한 불완전하거나 혼란이 오는 경우에 이 방법을 사용해도 국소적인 치료가 아닌 전인적인 치료를 할 수 있다.

이 분석 방법은 또한 다른 모든 분석 방법에 의해서도 Partial-similar remedy 밖에 얻을 수 없고 바라는 깊은 작용을 하는 것을 얻지 못하는 케이스에서 큰 도움이 될 수 있다. 이런 경우에 저자는 예전 진료 기록을 손질하여 그 당시에 존재했던 모든 일반 증상을 모아서 분석에 사용한다. 이렇게 재분석을 하다 보면 환자가 각기 다른 상황에서 약간씩 다른 표현으로 증상을 이야기 한다는 것을 알 수 있었다. 즉, 증상들이 서로 달라 보이지만 사실은 하나의 같은 증상이다. 이런 접근 방법으로 예전에 고려하지 못했거나 정신증상이나 혹은 육체적 부분 증상에 맞지 않아서 거부된 치료제가 수면 위로 나타난다.

사 례

수년간 생리전 증후군으로 고생하고 있는 여자 환자가 내원한 적이 있다. Acupuncture와 Homeopathy 치료를 받았었지만 보존적 효과만이 있었다. 생리 전 최소 1주일간은 다리에 쑤시는 통증이 있었는데 누우면 악화 되었다. 불면증, 새벽 3시에 잠이 깨어 다시 잠들지 못함. 심한 피로증세, 잦은 변화가 있는 감정 불안정이 있었다. 생리주기는 3주였다.

15년 전에 출산한 이후로 요통이 재발 되었다. 수 개월간의 산후우울증도 있었음. 2명의 자녀가 있었는데 두 명 모두 임산 시에 어려움이 있었다. 첫번째 아이는 겸자분 만으로 출산했다. 대개 몸이 차가운 편이었고 특히 밤에 쉽게 땀이 났다. Liver 부위에 sore/bruised pain이 자주 있었으며 때로는 sharp stitching pain이었다. 저녁 식사 후에는 졸음이 잘 오고 대변은 창백한 편이라고 했다.

이번 케이스는 정신. 감정적인 증상이 많지 않으므로 분명한 신체 일반 증상이 있으므로 이상적으로 이 분석 방법에 적합하다. Phatak's repertory를 이용하여 다음과 같은 rubrics를 취했다:

Menses, Before Agg. (p. 229)

Menses, Early (p. 232)

Pregnancy, Childbed, affections of, or since Agg. (p 276)

Liver (& right hypochondria) (p. 217)

Time, 3am Agg. (p. 360)

Changing Moods (p. 46)

그 환자의 증상들 가운데 대부분이 생리 전에 악화 되었으므로 시간을 절약하기 위해서 'menses, before agg.' rubric을 eliminator로 사용했다. 즉 이 rubric에 있는 치료제들만을 고려하기로 한 것이다. Cocculus와 Calcarea-c가 두드러졌지만 Kali-c 만이 모든 rubrics에서 발견 되었다. 이 케이스에 잘 맞아 보여서 Kali-c 30c, one dose를 처방했다.

결과는 다음과 같다. 거의 5주 동안이나 환자의 증상이 악화 되었다. 이 기간 동안 Old Symptoms가 다시 돌아왔다가 사라졌다. 이후에 급격하게 호전되기 시작했고 생리도 4주로 고정 되었으며 생리 전 증후군도 없어졌다. 3주 동안 호전이 지속 되다가 일부 증상이 재발되어 다시 Kali-c 200를 투여했다. 다시 긴 악화 기간이 있었지만 강도는 약했으며 그런 뒤에 거의 1년간은 잘 지내었다. 이 후에 다시 한번 처방이 필요했다. 이 치료제의 작용은 매우 깊었으며 여러 해 동안 그 환자에게 필요했던 것이었음은 분명했다. 돌이켜 보면, Kali-c를 처방하기 전에 Liver support remedy를 복용했더라면 그 환자가 겪었던 악화현상의 정도를 줄였으리라 확신한다.

Further Reading

C. M. Boger
A Synoptic Key of the Materia Medica
Boenninghausen's Characteristics and Repertory
Jain Publishing Co., New Delhi, India
Studies in the Philosophy of Healing
World Homeopathic links. New Delhi. India

S. R. Phatak
A Concise Repertory of Homeopathic Medicines
Homeopathic Medical Publishers, Bombay, India

H. A. Roberts
The Principles and Practicability of Boenninghausen's Therapeutic Pocket Book
Jain Publishing Co. New Delhi. India

P. Sankaran
Introduction to Boger's Synoptic Key
Homeopathic Medical Publishers, Bombay, India

Polypharmacy

정 의

이 처방 방법은 치료제를 교대로 처방하든지 혹은 혼합된 형태로 처방하든지, 동시에 한 가지 이상의 치료제들을 처방하는 모든 방법을 말한다.

처방기법

크게 보면 2가지 방법이 있다.

1) Individualized : 각 개인 케이스에서의 적응증에 따라 번갈아서 혹은 동시에 여러 개의 약물을 처방한다.
2) Disease-based : 여러 개의 약물을 한 질환에 동시에 처방한다. 특정 질환에 같은 유사도를 가지고 있다고 보는 약물을 환자 개별화를 고려하지 않고 처방하는 방법이다. (예, Nelson's combination

remedy for hay fever)

일반적으로 낮은 강도가 사용되며 (범위는 ø~6C), 매일 처방을 원칙으로 한다. Biochemic salts를 이 방법으로 처방하는 것이 이상적이라고 생각한다. 그리고 저자는 상업적으로 만들어진 것들 보다는 적절한 약물을 혼합하여 환자에게 맞게끔 처방하는 것을 선호한다.

A. Individualized Polypharmacy

개인적인 경험으로는 처방이 각 환자에게 잘 맞을수록 더 좋은 결과가 있었다. 과거에 이 분야에 거장 중에 한 명은 J. Ellis Baker이다. 원래는 저널리스트였는데 동종의학사로 전향하여 진료하였고 1930년대와 1940년대에 많은 글을 썼다. 그의 최고의 저서 가운데 2가지는 New Lives for Old - How to Cure the Incurable and Miracles of Healing and How They are Done 이다. 식이요법과 다른 자연요법에 정통했었다. 그리고 그는 대가였던 J. H. Clarke 로부터 Homeopathic inspiration을 받았다. 결과적으로 그의 치료 스타일은 스승처럼 절충파적인 것이었다. 그를 정당화시킬 수 있는 유일한 것은 자신만의 방법으로 많은 성과를 거두었다는 것이다. 때로는 분명히 희망이 없어 보이는 경우에도.

Ellis Baker의 저서 연구를 통해 많은 것을 배웠다. 무엇보다 어떻게 환자가 호응하게 하여 회복까지 이르도록 할 수 있는지를 잘 알고 있었다. 이러한 점들은 현재 Homeopathy students에게 널리 가르쳐지고 있지 않다.

Ellis Baker's system은 다음과 같다. : ***If you see an indication for a remedy, you give it, sooner rather than later.*** 예를 들면, 만일 환자가 변비, 소화장애, 고창, 그리고 백신에 대한 부작용과 결핵 가족력이 있었다면 첫 처방은 다음과 같이 될 것이다:

Carbo veg. 6x twice daily in alternation with Nux vomica 6x twice daily

Thuja 30 each Saturday

Bacillinum 200 each Wednesday

Baker는 이 방법으로 괄목할 만한 성과를 얻었고 다른 사람들의-그들의 원칙에 집착하여 다른 방법으로 치료하여 회복시키는 것보다는 환자들을 고통 속에 내버려 두는 비판에 대해서는 염두를 두지 않았다.

프랑스 전문가인 Jacques Jouanny는 Baker's method와 상당한 공통성이 있는 multiple-remedy prescribing system을 개발했다. 만성 케이스에서는 우선 constitutional remedy를 주고 사이사이에 miasmic nosode를 투여하며 그 질환에 대하여 저강도의 소수의 치료제를 투여하는 방법을 지지했다. 그가 이 방법으로 좋은 결과들을 얻었다는 점에 대해서는 의심할 이유가 없다.

흥미로운 점은 Hahnemann이 공개적으로 반대파들에게 경고한 것과는 달리 그 스스로는 동시에 여러 개의 치료제를 투여하거나 교대처방한 것이 최근 그의 사례기록에서 밝혀졌다. 그가 위대한 실험가였다는 점에도 불구하고 그렇게 하여야만 했다는 사실은 놀라운 점이다. Polypharmacy가 Anti- Hahnemannian이라는 논쟁은 사실 근거가 없다.

B. Non-individualized Polypharmacy

Homeopathy가 존재하는 한, 여러 개의 약물을 특정 질환에 처방하려는 유혹은 저항하기에는 너무 큰 것 같다. 이론적으로는, 이렇게 혼합하여 처방하면, 예를 들면 Earache에 흔히 쓰이는 5가지 치료제, 개별화할 필요가 없고 같은 처방을 모든 이통 환자에게 할 수 있다는 이점이 있다. 이렇게 처방하는 이론적인 가정은 다음과 같다. 처방한 것들 가운데 하나는 그 환자에게 가장 알맞은 치료제로 작용할 것이고 다른 약물들은 아무런 작용도 하지 않을 것이라는 것이다. 즉 이통에 있어서의 특이한 증상에 대해서 유사성을 가진 치료제들은 총체적으로 치료 반응을 일으킨다는 것이다.

저자는 Hay fever, catarrh, pain, varicose veins 등과 같은 질환 치료에 disease-oriented Polypharmacy를 시도해왔다. 그러나 몇몇 케이스를 제외하고는 대개는 실망스러운 결과들뿐이었다. 내가 확신할 수 있는 바로는, 이렇게 처방하면 상당수의 경우에 증상완화 작용만을 할뿐이거나 혹은 전혀 반응이 없었다는 것이다. 이런 이유로 가능하면 Single remedy 혹은 Individualized Polypharmacy를 선호한다. 이로 인한 결과들은 추후에 있을 노력에 대한 정당성을 줄 수 있기 때문이다.

출처는 확실히 모르겠지만 널리 추천되는 Combination Remedy로 다음과 같은 것들이 있다.

Sulphur 6x

Silica 6x

Carbo veg. 6x

약자로 S.S.C 라고 하며 사춘기 여드름에 사용되며 **'혈액 일반 클린저'** 이다.

故 Thomas Maughan는 현재 영국에서 수련중인 전문가들에게 많은 영향을 주었던 사람인데 그의 경험으로부터 다양한 combination remedies를 발견했다. 위의 경우와 같이, 원액이나 저강도로 이루어진 소수의 치료제를 혼합하는데 적응 증의 일부는 매우 간략하다. 내가 아는 한은 이 복합처방은 출판된 적이 없으며 도제나 직접 가르침을 통해서 전수 되었으므로 오늘날 널리 사용되지 않고 있으리라 생각한다.

Thomas Maughan의 복합 처방 가운데 하나는 다음과 같다. 저자도 성공적으로 사용하고 있는 것이다.

Arnica 6x (I part)

Crataegus ø (2 parts)

Kali mur. 3x (I part)

Post-apoplectic patients에 사용되며 응고된 혈액 재흡수를 촉진한다. 추후에 있을 stroke을 방지하며 결과적으로 약해진 심장이나 동맥을 치료한다. 한번은 major stroke으로 고통을 받아 온 인도인 남자 환자에게 이 처방을 한 적이 있는데 회복 속도와 범위가 예상보다 훨씬 뛰어나서 주위 사람을 놀라게 했다.

그의 다른 혼합 처방으로는 'peace of mind pill'이라는 것이 있다.

Ambra grisea 6x

Anacardium 6x

Argentum nit. 6x

이 처방은 엄청난 시련을 예상하는 예기 불안 (Anticipatory Anxiety)으로 고통 받고 있거나 걱정거리가 많은 사람들에게 도움을 줄 수 있다.

Clarke는 그의 저서를 통해 특정 질환, 특히 급성질환, 에서 복합 처방할 것을 추천했다. 예를 들면, Measles에서는 Morbillinum을 Belladonna와 교대 처방 했으며 (Dictionary of Practical Materia Medica, page 1625), Whooping cough에서는 Coqueluchinum(his own preparation of Pertussin)을 다른 Well-indicated remedy와 교대 처방했다. (The Prescriber, page 376) 또한 Influenza 유행시기에는 예방적으로 Bacillinum 30 with Influenzinum 30을 일주일에 1회 투여 할 것을 권유했다. 나는 독감을 피해야 하는 노인환자들에게 예방적으로 이 복합 처방을 했는데, 겨울철 내내 2주에 1회 혹은 4주에 1회 투여하여, 효과가 나타난 것으로 보인다.

사 례

80대 노인 환자로서 수 차례에 걸쳐 Heart attack이 와서 고생하고 있었다. 현재에는 현훈, 관절문제, 호흡곤란, 무기력, 흉통, 체액저류, 피부 소양증, 변비, 그리고 불면증을 호소했다.

그녀는 처음에는 기질 치료를 받았다. 우선 Calcarea carbonica를 사용하고 나중에는 Arsenicum을 처방했다. 그리고 또한 심장이 약했으므로 organ support remedy로서 Crataegus ø를 처방했었다. 하지만 이 처방으로 증세만 악화 되었으며 환자는 예전보다 더욱 안절부절 했으며 낙담하고 있었다. 호전이 없는 그 환자를 수개월간 지켜보면서 인내하던 어느 날 나는 별 희망을 가지지 않은 채 다음과 같이 처방을 했다.

Diphtherinum 30 each Wednesday (on a history of diphtheria badly when younger)

Psorinum 30 each Saturday (on the miasmatic background)

P36* t.d.s. after meals

*P36은 E. F. Powell 이 고안해낸 많은 혼합 처방 가운데 하나이며, 여러 가지 질환에서 supportive treatment로서 쓰인다. 구성 내용물은 다음과 같다.

Calc fluor. 8x

Kali phos. 6x

Ferrum phos. 6x

Digitalis 6x

Convallaria 3x

Crataegus 3x

Cactus 3x

◆ 이 복합 처방은 심부전이나 판막 문제에 사용된다.

3주 후에 환자가 다시 내원해서 하는 말이 : "살아난 것 같아요". 그녀의 에너지와 삶에 대한 활력은 향상 되었고 호흡이 훨씬 편안해지고, 흉통도 많이 줄었다고 했다. 소양증도 가라앉기 시작했고 수면 문제도 호전 되었다. 예상하던 바와 같이, 그 환자는 왜 처음부터 이 처방을 해 주지 않았는지를 알고 싶어 했다.

논쟁거리

정당성에 대한 2가지의 주요 논쟁거리가 있다. 첫째는, 동종의학 약물은 각각 증명 되었으므로 단독으로 처방해야 한다는 주장이다. 만일 개인에게 동시에 여러 개의 치료제를 투여하게 되면 어떻게 작용할지 모른다는 이유에서 이다. 여기에서 암시하는 것은 밝혀지지 않은 고통과 비참한 일이 이러한 변형된 처방에 의해서 발생할 수 있다는 것이다. 이 주장은 이론적으로는 그럴듯해 보인다. 하지만 임상에서 이러한 공포스러운 일은 나타나지 않았다. 공정하게 시험적으로 투약한 사람들이 이 사실을 증명할 수 있다. 그리고 이 처방 방법으로 인해 내가 지금까지 본 최악의 상황은 호전이 없었다는 것뿐이다. 이러한 경우는 단일 약물을 처방 했을 때에도 많이 볼 수 있는 것이 아닌가?

두번째 논쟁은 결국 치료 반응이 일어났지만 어느 치료제가 작용했는지 알 수가 없다는 것이다. 가끔은 이러한 사실은 배움의 기회를 잃어 버렸다는 좌절감을 줄 수 있다. 그러나 중요한 것은 괴로운 쪽은 처방하는 사람이지 환자가 아니라는 사실이다. 내가 단일 처방을 하든지 6가지를 처방 하든지 환자들은 자신의 병이 호전되기만 하면 나의 처방 방법에 대해서 관심을 가지지 않는다.

When to use this method

Serious case에 적합하다고 본다, 특히 다양한 증세가 동시에 나타나서 증상을 완화시키는 것이 치료 자체 보다 더 바람직할 때이다. 특정한 케이스에서는 단일 처방 보다는 복합 처방이 단시간 내에 바라는 결과를 얻을 수 있다고 확신한다. Clarke가 급성 질환이라는 단면적 상황에서 이러한 복합 처방을 권유했는지 이해할 수 있을 것이다. 그러나 저자는 가능하면 단일 처방을 선호하는데 주된 이유는 약물의 작용을 배울 수 있는 기회를 놓치고 싶지 않기 때문이다. 그러나 만일 환자에게 복합 처방으로 호전 될 것이라는 것을 미리 알 수만 있다면 나는 주저하지 않고 초기에 그것을 투여할 것이다.

Further Reading

Ellis Barker, J.
Miracles of Healing and how they are done
How to Cure the Incurable
Jain Publications, New Delhi, India

Jouanny, Jacques
The Essentials of Homeopathic Therapeutics
Translated from the French by D. Clausen
Laboratoires Boiron. France

Powell, Eric F.W.
The Group Remedy Prescriber
Martin and Pleasance Wholesale. Victoria. Australia

Repertorisation

정 의

Repertory = index, list, catalogue

이 방법은 레퍼토리를 사용하여 몇 가지의 치료제를 선택한 다음, 이로부터 그 사례에 가장 유사한 것을 선택하는 모든 방법을 포함한다.

개 요

레퍼토리는 다음과 같은 이유로 동종의학에 도입 되었다. 약물학이 확대됨에 따라, 하네만 시대에도 그랬지만, 볼륨이 너무 커져서 빠르고 쉽게 참조할 수가 없었다. 레퍼토리는 끊임없는 증상의 목록을 읽거나 비교해야 할 필요가 없이 약물학에 접근하는 효과적인 방법이다. 그러나 레퍼토리의 목적은 약물학 연구를 대신할 수 없다.

이것은 작업중인 사례와 약물학에 있는 치료제의 그림 사이를 연결하는 교량 역할을 한다. 성공적인 repertorisation은 그 사례에 근접한 유사성을 가지고 있는 몇 가지 치료제로 이끌어 준다. 그런 다음 마지막 선택을 결정하기 위하여 약물학에 있는 치료제들을 연구하고 비교한다. 일부 전문가들은 레퍼토리를 사용에 있어서 고도의 기술을 가지고 있어서 매우 조심스럽게 rubric을 선택한 다음, 중요한 repertory만을 이용하여, 하나의 치료제로 선택을 좁혀 들어갈 수 있다.

명심해야 될 가장 중요한 점은 레퍼토리는 약물학을 대신할 수 없고 보충적인 것으로만 간주되어서야 만 한다. 내가 만났던 전문가들의 레퍼토리 기술은 최고였다. 그러나 그들은 역시 약물학에 있어서도 대가들이었다.

Repertories in Use

1. Kent's repertory는 금세기에 최고의 한 장면을 연출했다. Kent는 16년에 걸쳐서 그것을 만들기 위하여 노력했다고 전해진다. 그리고 많은 전문가들이 아직도 그것을 최고의 참고 자료로 생각하고 있다. 그러나 지금은 그것이 시대에 너무 뒤떨어진 것이다. 감사하게도 그것을 업데이트하고 교정하고 대치하기 위한 많은 노력들이 있다.
2. Barthel과 Klunker의 Synthetic repertory는 기본적으로 Kent repertory의 업데이트 버전이다. 이 레퍼토리는 많은 다른 추가적인 치료제들을 포함하고 있다. 3권으로 출판 되었는데 불행

하게도 전혀 특이 증상을 포함하고 있지 않다. Kent의 형식을 띠는 다른 현대 repertory가 Eizayaga와 kunzli에 의해 만들어 졌는데 많은 치료제가 추가 되었다.

3. Synthesis Repertory of Ed. F. Schroyens는 Kent's repertory에 바탕을 둔 또 하나의 현대적인 repertory인데 Classical Homeopaths들의 강력한 지지를 받고 있다. Kent의 원본에 20만개의 rubrics가 추가 되었으며 RADAR 컴퓨터 프로그램에서 사용되고 있다. 아마도 현재 구입 가능한 서적의 형태로 출판된 Best Kentian-style repertory일 것이다.
4. Complete repertory of R. Van-Zandvoort 역시 다른 Kentian repertory인데 세심한 사람들에게는 어울리지 않으며 MacRepertory 컴퓨터 프로그램에서 사용되고 있다.
5. Robin Murphy's Homeopathic Medical Repertory는, 나에게는, 현재 구입 가능한 가장 신속하고 용도가 많은 repertory 이다. 1993년에 처음 출판되었으며 순식간에 매진되었다. 그리고 내용이 많이 개정된 2차 개정판으로 대치되었다. 형식에 있어서 일부 논란이 있었다. 이유는 이 책이 Kentian 형식과는 완전히 다른 alphabetical 순서로 되어 있었기 때문이다. 이 책에 익숙해지는데 약간의 시간은 걸리지만, 일단 익숙해지면 나의 경험상으로는 보다 빠르고 쉽게 접근할 수 있다. 아직 Kentian repertory를 접해 보지 않은 사람은 나의 의견으로는 이 레퍼토리로 시작하면 불필요한 수고를 상당히 줄일 수 있다.

Murph에 대한 다른 비판은 그 참조가 없다는 것이다.

Kunzli's repertory에서 산재 되어 있는 것처럼 이 참조를 이용하면 이용자가 치료제 근원과 추가된 rubric을 추적해 볼 수 있다. 나 개인적으로는 이런 참조가 불필요한 것 같고 Kent 그 스스로도 이들을 포함시킬 필요를 느끼지 않았다. Repertory는 항상 가변적이고, 불완전한 것이어서 임상적 경험만이 확실한 것이라고 느낀다. 요즘 동종의학 내에 일종의 엘리트주의가 있어서 특정 거장들만 믿어야 하며, 어떤 다른 출처로부터 나오는 임상적인 경험을 항상 의심을 가지고 다뤄야 한다고 생각한다. 이것은 일종의 유아독존이라는 망상이다.

비록 현재 더 많은 레퍼토리 책이 구입 가능하지만, Murphy 책에는 세계의 수천 명의 사람들이 선호하게 된 몇 가지 특징이 있다. 알파벳 형식 외에도, 상당수의 Clinical rubric 그리고 현대적인 용어들을-Raynaud's Disease, Allergic Reactions, Multiple Sclerosis, Endometriosis, Chemotherapy agg, etc. 포함하고 있다. 또한 문헌에 흩어져 있는 정보들을 모아 새로운 멋진 chapter를 형성하고 있다. 예를 들면, Environment, Food, Blood, Children's Disease, Toxicity and Emergency가 있다.

6. Phatak's Concise Repertory는 여전히 내가 좋아하는 책이다. 그리고 physical general approach를 할 때 특별히 유용하다. 적절이 사용하면 임상에서 많은 시간을 줄일 수 있다. 만일 Mental 혹은 Particular Symptom를 레퍼토리 해야 한다면 Murphy 책이 더 좋다. 시간 절약을 위해서, 가끔 Elimination repertorisation을 하기 위하여 Phatak으로부터 하나의 rubric을 선택한 뒤 나머지

rubric은 Murphy로부터 취한다.

7. Boenninghausen's Characteristics and Repertory는 Physical general repertory 가운데 하나인데 20 세기 초반 Boger에 의해서 완전히 개정되고 업데이트 되었다. 훌륭한 책이지만 요즘은 대부분의 동종의학사 도서관 책꽂이에 깊이 꽂혀 있을 뿐이다.
8. Clarke's Clinical Repertory는 그의 저서인 Dictionary of Materia Medica and The Prescriber의 편람으로 출판 되었는데 어느 정도는 상호 참조가 되었다. 실제로 한 책 안에 4개의 repertory를 포함하고 있는데 causations, temperaments and relationships of remedies 그리고 clinical index - sections이 그것들이다. 주요 이점은 다른 책들은 polychrest을 강조하고 있는 반면, minor remedy를 강조하고 있는 경향이 있다. 그러나 하나의 얼룩은 치료제들의 약자를 다르게 사용하고 있어서 약간의 혼동을 주고 있다.
9. 현재 십여 종의 'lesser' repertory가 나와 있으며 대부분 특정질환이나 causation, dream, time aggravation 등과 같은 특정 테마에 대한 것들이다. 이들 가운데 내가 발견한 유용한 것으로는 Peter coats에 의해 쓰여진 Homeopathic Aide-Memoire이다. 이 책은 급성 질환처방을 위하여 만들어진 소책자이지만 또한 보석과 같은 임상 정보를 가지고 있다.

사용시기

대부분의 처방 기법을 보조하는데 사용될 수 있지만, 아마도

Symptom-similarity를 처방 기법으로 사용할 때 가장 효과적일 것이다. 이유는 우리에게 사용 가능한 repertory들은 주로 증상목록으로 이루어져 있기 때문이다. Miasmatic 혹은 Organopathic Approach를 사용할 때에는 적절하지 않다. 일부 repertory는, Clarke's 그리고 Murphy's, 보다 임상적으로 되어 있으므로 Therapeutic approach를 할 때 유용하다.

레퍼토리 기법

임상에서 사용될 수 있는 3가지 방법이다.

1) Spot Checking

이 방법은 repertory 책을 잠깐 펴서 Key rubric을 떨어져서 특징적인 치료제를 기록하는 것이다. 많은 임상 가들이 진료 도중에 마음 속에 있는 치료제나 치료제 그룹을 제거 혹은 확정하기 위하여 특정한 질문들을 하기 위한 방법으로 사용하고 있다.

사 례

12세 된 소년이 행동 장애와 다양한 소화기 문제로 내원 했다. Lycopodium이 그에게 맞는 치료제 같아 보였지만 뚜렷한 호전이 없었다. 그래서 우리는 좀더 조사를 했다. 공포에 대해서 물었을 때, 그는 잠시 생각하더니 마비되는 것에 대한 공포를 가지고 있다고 조금의 의심도 없이 대답했다. 이와 같은 증상이 약물학에 존재하는 줄을

몰랐기 때문에, 나는 책을 참고하여 Kent's repertory - mind section-에서 이 rubric을 찾아냈다. 여기에는 5개의 치료제가 나열되어 있었다. 유일하게 이탤릭체로 되어 있던 것은 Anacardium 이었는데, 이 치료제는 나머지 증상을 잘 커버하고 있었다. Anacardium 복용 후에 뚜렷한 호전이 있었다. 이 사례는 spot checking의 가치를 보여주고 있으며, 특이한 증상을 초기에 선택 할 수만 있다면, 얼마나 빨리 repertorisation 될 수 있는가를 보여 주고 있다.

2) Elimination Repertorisation

이것은 좀더 정확한 방법이다. 처방하는 사람이 치료제들의 긴 목록을 전부 적는 것을 방지하도록 되어 있다. 실제로 이들 치료제 대부분은 고려의 필요성이 없는 것들이다. 이 방법은 그 사례로부터 key symptom을 선택하여 rubric내에 있는 치료제들만을 고려 한다는 것이다. Primary rubric을 출발점으로써 삼고 오직 이 안에는 치료제들만을 향후 repertorisation 한다는 것이다. 이 방법이 적절한 전략이라는 것을 보여 주는 몇 가지 사례들이 있다.

가) 분명한 Direct Aetiolog가 있는 케이스이다.

만일 어떤 환자가 심하게 놀라고 난 뒤부터 그의 모든 증상이 발생했다고 한다면 'ailment from fright'를 primary rubric으로 삼아야 할 것이다. 이 rubric 외에 있는 치료제 들은 필요하지 않을 것이다. Synthetic Repertory에는 Kent's repertory- mind section 내에 산재해 있는 Aetiological rubrics를 Ailment from이라는 단일 제목에 모아 두었다.

나) 매우 뚜렷한 하나의 증상이 존재하는 케이스이다.

이 증상이 정신적, 감정적 혹은 육체적; general or Particular 일 수 있고, 비정상적인 강도, 특이성 혹은 독특성을 가지고 있는 사례에 사용할 수 있는 방법이다. 하나의 사례를 들면, 퇴행성 신경계의 질병으로 고통 받고 있던 여자 환자를 치른 적이 있다. 이 증상은 항상 보름달이 뜨는 시기에 악화 되었다. 'Moon Phases, Full Moon etc. Agg.'(Phatak's repertory, page 237)을 eliminator으로 하여, 이 rubric 내에 치료제가 몇 가지 밖에 없었지만, 분석하였다. Modalities가 매우 특이 하여 안전한 선택이라고 생각했기 때문이다. 결과로 나온 치료제는 Alumina였으며, 복용 후 매우 큰 효과가 있었다.

다) 분명하게 정의된 병리학 소견이 있는 케이스이다.

한 가지 조건은 이것을 능가할 다른 특징적인 증상이 없는 경우이다. 예를 들면, 만일 환자가 분명히 종양, 간염, 홍역과 같은 질병을 가지고 있다면, 그리고 우선순위를 가질 만한 매우 강하거나 특이한 증상이 없다면, eliminator로 질병에 상응하는 rubric을 안전하게 선택할 수 있다. 만일 먼저 치료할 것이 질병이라면, 그 질병에 속하는 증상들만 repertorisation 내에 포함되어야 될 것이다.

어떤 어린이가 홍역에 걸렸다고 가정 해보자. 대부분의 경우에 있어서 'Fevers, Measles' from Murphy를 안전한 출발선으로 삼을 수 있다. 다른 증상들은 그 사례를 좁혀 나가는데 사용할 수 있다. 그러나 홍역 이전에 존재했던 모든 증상들과 변화가 없었던 증상들은 포함시켜서는 안 된다. 예를 들어, 만일 그 어린이가 홍역에 걸린 이래로 심한 갈증을 겪고 있다면, 이 증상은 질병에 대한 증상이므로 분석에 사용한다. 그러나 만일 그 어린이가 항상 갈증 상태에 있었다면, 이 증상은 사람에 대한 증상이므로 기질 치료를 할 때만 사용되어야 한다. 홍역이 치료 된 다음에.

3) Totality Repertorisation

컴퓨터가 없었다면, 이 작업은 모든 분석 방법들 가운데 가장 귀찮은 것이다. 그러므로 다른 분석 방법을 사용할 수 없거나 그리고·혹은 시간이 많을 경우에만 사용되어야 한다. 중요하다고 생각되는 모든 증상들은 repertory 안에 있으며 모든 rubric은 완전하게 복사해야 한다. 그런 후에 모든 rubric을 분석해서 어느 치료제가 대부분 혹은 모든 rubric에서 특징적으로 나타나는가를 알아본다. 이런 형태의 분석에는 2가지의 생각할 면이 있다. 첫번째는, 거의 모든 rubric 에서, 순수한 수적인 분석으로, 나타나는 치료제가 있을 수 있다. 그리고 두번째로는, 보다 질적인 분석으로, 각 치료제에 주어진 rubric마다 등급이 매겨 진 숫자가 할당되어 총 점수가 매겨진다. 예를 들어, Murphy' s 혹은 Kent' s를 이용하면 굵은 글씨로 나타나는 치료제는 3점, 이탤릭체로 나타나는 것은 2점, 평범한 글씨로 되어 있는 것은 1점을 얻는다.

마지막 결과로 2가지의 숫자를 지닌 몇 가지 치료제가 나타난다. 다음의 예를 보면

Cal.	4/11
Lach.	4/12
Puis.	5/14
Sep.	5/11
Sul.	5/14

해석은 다음과 같다. Calcarea는 고려한 것들 중에 4개의 rubric 에서 나타나며 총 점수는 11점을 획득하였다. 반면에 Sulphur는 모든 rubric에서 (거의 항상 그렇지만) 나타났으며 총 점수는 14점을 얻었다. 고려하고 있는 치료제 증상들의 상대적인 강도를 고려한다는 아이디어를 얻을 수 있다는 점에서는 도움이 될 수 있다.

카드 레퍼토리

자동화하려는 시도와 repertorisation 과정을 단축시켰다는 사실은 동종의학에 있어서 피할 수 없는 발전이었다. 이와 같은 첫번째 시도는 1800년대 후반 William J. Guernsey의 Card repertorisation으로 부터 발생 되었다. 많은 수의 카드로 이루어진 다양한 이와 같은 카드레퍼토리는 하나의 rubric을 대표하며, 특별한 모양으로 된 일련의 찍혀나간 구멍을 가지고 있다. 사례에서 rubric들이 선택되면 상응하는 카드를 상자에서 뽑아서 다른 카드 뒤로 하나를 놓는다. 만일 빛을 비추어 어떤 구멍을 통해서 그 빛을 볼 수 있다면, 이것은 그 구멍이 대표하는 치료제가 모든 rubrics 내에서 발견됐다는 것을 의미한다.

다양한 카드 레퍼토리를 만드는 데에 들어간 상당한 노력을 생각해 볼 때, 그들은 불쌍할 정도로 무시되어 왔으며 컴퓨터화의 도래와 더불어 완전히 쓸모없어져 버렸다. Kent's repertory에 바탕을 둔, 가장 많이 알려지고 가장 이해하기 쉬운 카드 레퍼토리는 아마도 Dr. Jugal Kishore of Delhi에 의해 만들어지고 발전된 것일 것이다. 이 repertory는, 아직도 구입할 수 있는데, 1만 개의 카드로 구성되어 있으며 책으로 된 것처럼 서로 다른 등급의 증상을 나타낼 수 있다.

컴퓨터화

여기에서 레퍼토리 과정은 완전히 자동적이다. 이 사실은 책을 대체할 만한 컴퓨터 프로그래밍이 현재 존재하고 있는 이유이다. 그러나 분석 과정에서의 진정한 기술은 증상을 고르고 rubric으로 해석하는데 있다. 이러한 능력은 사용하고 있는 레퍼토리에 대한 정확한 이해와 환자에게서 무엇이 치료되어야 할 것인가를 정확히 감지하는데 있다.

중요한 이점은 속도에 있다. 수작업으로 한 가지 방법으로 분석하는데 드는 시간보다 적은 시간으로 컴퓨터를 이용하여 그 케이스에 대해서 적어도 3가지 방법으로 분석할 수 있다. 이 분석 방법은, 분석해야 할 rubric이 20개 혹은 200개의 의 치료제를 포함하고 있어서 컴퓨터와 수작업 사이에 거의 차이가 없는 Totality repertorisation에 훨씬 더 많이 사용되고 있다.

최근에는 좀더 세심하게 다듬어져서, 많은 동종의학사들이 책 버전을 사용해서는 불가능할 것 같은 사례를 컴퓨터 프로그램을 이용하여 분석하고 있다. 예를 들면, 그 사례에서 강한 특징을 가지고 있는 치료제가 어느 그룹과 과(科)에 속하는지 결정할 수 있게 되었다. [see Group Analysis and Thematic Prescribing] 그리고 Materia Medica내의 특정 영역에 대해서 주어진 상대적인 무게를 바꿀 수 있어서, polychrest에 의해서 항상 가려져 왔던 Smaller remedies를 선택할 수도 있게 되었다.

현재 가능한 다양한 컴퓨터 프로그램 가운데 미국에서 MacRepertory system과 영국에서 생산된 C.A.R.A system이 가장 널리 사용되고 있다. 이 2가지는 공통점이 많이 있다. 많은 저자들의 자료들과 거대한 약물학 데이터베이스로부터 선택할 수 있는 능력이 있으며 repertorisation에서 약전으로 혹은 역으로 수 초 내에 돌아올 수 있다. RADAR program은 또 하나의 인기 있는 컴퓨터 프로그램이다. George Vithoulkas의 분석 전략을 흉내 내도록 디자인된 'Expert system'을 포함하고 있다.

단 점

Repertorisation에 대한 몇 가지 결점이 있다. 첫 번째는 수작업으로는 많은 시간이 걸릴 수 있다는 것이다. 두 번째는 repertory 형식에 맞추도록 하기 위해서 많은 증상들이 변질될 수 있다는 것이다. 이것은 처방하는 사람이 대개 그 증상이 어떤 상황에서 probing으로 나타났는지 모르고 있다는 것을 의미한다. Hering's Guiding Symptoms을 바탕으로 만들어진 Knerr's Repertory는 대부분의 repertory 보다 훨씬 더 완전한 형태로 되어 있는 수많은 증상들을 포함하고 있다. 그러나 사용하기에 좀더 성가신 면이 있다. 세 번째 결점은 레퍼토리를 성공적으로 사용하기 위해서는 증상들이 정확하게 rubric으로 해석 될 필요가 있다. 레퍼토리를 만들 때 편집자는 이미 유사한 번역 과정을 수행했다는 것을 명심해야 한다. 어려운 점은 많은 번역과정에 있어서, 예를 들어, Kent가 'illusion of fancy' 혹은 'wearisome' 혹은 'repulsive mood' 등의 rubric들을 만들 때에 심중에 있었던 정확한 번역이 우리에게는 확신이 없다는 것이다.

Further Reading

Bidwell
How to Use the Repertory
Jain Publishing Co., New Delhi, India
Castro
Encyclopaedia of Repertories
Jain Publishing Co., New Delhi, India

P. Coats
The Homeopathic Aide-Memoire
C. W. Daniel Co. Ltd., Saffron Walden, Essex

B .D. Desai
How to Find the Similimum with Boger-Boenninghausen' s Repertory
B. Jain Publishers, New Delhi, India

Sequential Prescribing

정 의

이 주제 아래에 환자 질병에 기여한 사건들, 외상, 그리고 환경의 순서를 결정하고 특별한 순서에 따라서 이들 인자 각각에 대해서 체계적으로 처방하는 기법들을 포함시켰다.

See also 'Layers'

서 론

내원하는 환자들이 표현하는 것들 가운데 원인적인 혹은 공헌 인자들의 전반적인 맥락이 있다. 그리고 이들 인자들이 총체적으로는 환자의 건강 상태를 형성하는데, 감정적인 상처, Miasms, 약물 과용, 잘못된 식사, 그리고 일반적인 중독이 여기에 포함 된다. 분명히 어떤 케이스에서는 어느 방법을 적용해야 할지 알아내기 어려울 때가 있다. 하지만 어떤 약물을 주어야 할지에 대해서는 걱정하지 말라! 오늘날까지 Homeopath들은 이러한 복잡한 케이스를 풀기 위해서 여러 가지 방법을 개안해 냈다. 아래에는 저자에게 친숙한 몇 가지 예들이 있다.

James Compton-Burnett

의심할 바 없이 그는 당대의 동종의학 거장 가운데 한 명이었다. 그러나 그는 이종요법 의사들의 조소뿐만 아니라 동종의학 전문가 내에서 많은 비난을 견디어야만 했다. 그의 잘못 때문이었을까? 어려운 케이스에서 극적인 치료 효과를 얻기 위하여 다양한 치료제를 사용했고 종종 이것들은 꽤 빠르게 연속적으로 투여 되었다. 교대 처방하는 것을 반대하지는 않았을 뿐만 아니라 대부분의 경우에서 그가 감지 받은 적응증에 따라서 한번에 하나의 remedy 만을 주었을 뿐이다. 그가 부여 받은 재능은 단지 다음과 같은 것이었다. 다른 동료들보다 많은 것을 감지할 수 있었고 이를 다른 처방 방법과 일치시킬 수 있었다.

예전의 하네만처럼, 그는 증상일치라는 것은 단지 약물을 처방하기 위한 하나의 근거일 뿐이라는 것을 깨달았다. 그 외에도 똑같이 명백한 다른 근거들이 많이 있었다. 그러므로 케이스에서 본 miasm에 따라서 처방하기도 했고, 이외에도 장기 허약함, 원인론 그리고 환자가 가진 병리 형태에 따라서 처방하기도 했다. 그는 매우 유연했으며 환자가 하나 혹은 15 개 치료제가 필요한지에 대해서 염려하지 않은 것처럼 보인다.

그는 많은 케이스를 기록했고 투여한 remedy 모두를 기록하는 것을 부끄러워하지 않았다. 전형적인 만성 질환에서 대개 하나 혹은 그 이상의 Miasmic nosode, 30c or higher을 처방하곤 했다. 그 전 · 후에 필요하면 원인론 약물을 투여했다. 예를 들어, 예방접종 중독을 다루기 위해서는 Thuja, 외상 병력이 있었으면 Bellis perennis를 사용했다. 케이스가 치유적 방향으로 움직이기 시작하면, 대개 약초원액으로 된 support remedy로 이득을 얻을 수 있는 장기 허약함을 찾아내곤 했다. 장기 약물로 치료한 케이스 수는 수십 페이지에 달한다. 더욱이 환자가 호소하는 특별한 질병을 연구하여, 관련된 질병 형태와 조직 상태에 친화성을 가지고 있는 저강도 치료제나 일련의 치료제를 찾곤 했다.

그가 다른 사람의 대해서 화를 내지 않았던 주된 이유는 아마도 따른 이종요법 의사나 동종의학 의사들이 거의 보지 않았던 악성 종양, 간질, 결핵, 백내장, 정맥류, 탈모증 등등의 급/만성의 성가신 수많은 질환을 치료한 경험이 있기 때문이다. 아이러니컬한 것은 그의 방법이 특별히 독단적이지 않았다는 것이다. 단지 그 당시 사례에 맞아 보이는 접근 방법을 사용했고 효과를 나타내기 위해서 필요하다면 종종 방향을 바꿨다.

Lisa Monck

보다 최근에 영국에서는, Lisa Monck는 만성질환을 치료하기 위해서 그녀가 수련 받은 대로 단일 약물에 의한 기질적 접근 방법을 사용했지만 좌절하게 되었다. 이로 인해 개별 상황에 따라 빠른 연속 치료제 처방을 실험 했다. 그리고 이 방법에 의해 상당히 적은 시간 안에 보다 큰 결과를 얻을 수 있었다.

그녀는 치료과정에서 많은 흥미로운 관찰을 했다. 대부분 사람들보다 더 가능해 보이는 다른 감각을 소유한 것처럼 보였다. 한번은 대화 도중에, 그녀가 그 시점에서 본 바에 따라 처방하는 임상 경험을 통하여 어떻게 그러한 것을 배웠는지 언급했다. 이것이 의미하는 바는, 임상에서 일련의 remedy을 주었는데 실제 진료 도중에 상당한 치료 효과를 보았다고 한다.

그녀는 다음과 같은 의견을 가지고 있었다. 환자가 과거 외상이나 중요한 인자를 말하면, 그 시점에는 그 외상・사건에 환자의 에너지가 연관되게 된다고 한다. 그래서 그 환자는 적절한 약물에 매우 감수성을 가지게 된다. 예를 들어 만일 환자가 과거에 큰 슬픔을 겪었다고 언급 하였고 아직도 그 영향을 볼 수 있다면, 그녀는 아마 즉석에서 Ignatia 10M을 주었을 것이다. 그리고 난 뒤 몇 분을 기다려 다음으로 무엇이 오는지 볼 것이다. 만일 환자가 계속하여 성적학대에 대해서 말하면서 여전히 그 영향이 있다고 한다면 그 자리에서 Staphysagria 10M을 투여할 것이다. 이런 방법으로 그녀는 한 시간 동안의 인터뷰에서 몇 가지 일련의 약물로 치료할 것이다. 그녀는 이 방법으로 뚜렷한 치료 반응이 일어날 수 있다고 한다.

Pritam Singh

영국에 있는 또 다른 연구가인 그는 Miasmatic background를 바탕으로 처방하는 것에 강조점을 둔다. 스스로의 연속 처방 방법을 개발했다. 이 방법은 'Hahnemann's Chronic Disease'에 대한 이해에 따른 것이라고 한다. "Singh method"라고 알려진 이 방법은 Burnett's approach와 많은 공통점을 가지고 있다. 이외에도 다른 특징을 가지고 있는데 Roger Dyson and Jean Cole's book '*Classical Homeopathy Revisited*'에 자세하게 기술 되어 있다. 기본적인 접근 방법은 뚜렷한 Miasm을 기록하여 다른 모든 질병 경향들과 일치시켜 적절한 치료제를 찾는다. 이렇게 하는 이유는 miasm이 거론되기 전까지는 다른 어떤 약물도 그들이 잠재적 능력을 발휘 할 수 없을 것 같다는 것 때문이다. 그는 Psora가 모든 miasm의 근원이라는 하네만 의견을 공유하는 것 같으며, 비록 그 사례에서 다른 miasm이 분명히 활동하고 있더라도 대개 Psora Miasm을 먼저 치료하고 필요하다면 다른 Miasmatic Nosode를 처방 했다.

Miasm을 바탕으로 처방 했으므로 다른 질환 양상들은 중요도 순서에 따라서 치료 된다. 예를 들어, 만일 예방접종이 중요 인자라면 Thuja를 투여하게 될 것이다. Radium bromide는 방사선 중독을 다루기 위하여 투여 하고, 피임약의 나쁜 효과를 치료하기 위해서는 Folliculinum 등을 사용한다. Singh가 느낀 건강에 치명적인 하나의 요소로서 치과 치료에서 사용되는 Mercury amalgam을 들고 있다. 그는 이것을 많은 만성질환의 중요한 원인으로서 간주하고, 이것을 중화

하기 위하여 Hepar sulph를 다양한 강도로 처방한다.

이 방법의 다른 중요한 특징으로는, 필요하다면 Liver 혹은 Kidney와 같은 장기를 강화하거나 독소를 제거하는 목적으로 적절한 Drainage remedy를 함께 처방한다.

Singh 방법을 연구하다 보면 몇 가지 놀랄 만한 점들이 있다. 첫번째는 상대적으로 적은 remedy가 사용되는데 한두 가지를 제외하고는 대개 major polychrest 그리고 Nosode를 사용한다. 이 아이디어는 대부분의 Homeopaths가 시도하려는 것처럼 새로운 약물을 포함하여 모든 것들을 사용하기 보다는 그의 치료제의 제한된 영역밖에 있는 영향력을 얻는 것이다. 두번째는, 하강하는 강도를 사용한다. 이 처방 방법은 하네만이 실험했던 것이며, Singh는 Descending Potencies Scale을 사용하면 많은 불필요한 Aggravation을 피할 수 있다고 제안한다. 대표적인 처방 방법으로는 첫째 날에 10M, 1M, 그리고 200C 강도로 복용하고, 다음날에는 30, 12, 그리고 6C를 처방한다.

이런 처방방법은 또 다른 특징을 낳는다. 고강도 약물을 빈번하게 처방하고 하나의 치료제에서 다른 치료제로 자주 변경하는 것이다. 주어진 치료제들을 며칠 연속으로 처방하는 것은 이 접근 방법에서는 정상적인 행위이다. 전형적으로, 환자는 3가지 혹은 4가지 remedies를 처방 받으며 이 처방 안에는 한 두 가지 nosode가 포함되어 있다. 첫째주 동안에는 다양한 강도로 처방이 되고, 이어서 Drainage remedy 혹은 symptomatically Indicated remedy를 1주일간 복용하고, 그리고 다시 Nosode로 돌아간다. Single remedy, one dose를 처방하고 수개월간 기다리는 것에 익숙해져 있는 사람들은 이러한 처방이 위험하다고 생각한다. 그러나 이 처방 방법으로부터 발생할 수 있는 probing와 aggravation의 공포는 우려할 필요가 없다. 우리가 어떤 치료제를 처방해야 하는가! 라는 면과 처방한 약물이 어떠한 작용을 하는가는 밀접한 관계가 있다.

Singh는 흥미로운 생각을 가지고 있었다. 인생의 첫 1/3에서 발생하는 질병은 대개 환경적 혹은 영양적 요인에 의한 것이며, 30~35세 사이에 시작된 질병은 대개 부모로부터 유전된 것이며, 60~65세 이후에 시작된 질병은 조부모 혹은 먼 친척으로부터 유전된 것이다. 그는 처방한 약물의 깊이와 그 질병이 발생 했으리라고 느끼는 레벨을 일치시키려고 노력하였다. 즉, 처방하려는 것이 예전으로 돌아갈수록 더 깊게 작용하는 치료제를 찾아갔다. 이것이 분명한 진실이 아닐지라도 유용하다고 증명 될 수 있는 방법을 찾아본다는 점에서는 참신한 이론이다.

Rudolph Verspoor

캐나다 태생 그는 연속 처방 체계를 발전시켜 왔다. 스위스 의사인 Dr. Jean Elmiger의 가르침으로부터 영감을 얻었다. Elmiger로 부터 시작된 이 방법은 다음과 같은 이유가 있었다. 만성질환은 늘어나는 약물 복용 양과 예방접종 그리고 현대 생활의 스트레스 때문에 정상적인 방법으로 치료하기 어렵다는 것이다.

이 접근 방법을 강조점은 원인론이어서 환자의 병력을 획득하는데 의존하고 있다. 그래서 정신적, 감정적 혹은 육체적인 중요한 외상 모두를 기록한다. 외상의 순서가 일단 결정이 되면, 원인론 요인을 가지고 있는 약물을 이용하여 역순으로 각각에 대해서 처방한다. 그는 약물 처방 순서는 매우 중요하며 가장 최근 외상으로부터 시작하여 역순으로 작업하는 것이 필요하다고 생각한다.

이 연구가들의 연구로부터 몇 가지 흥미로운 점이 발견된다. 자세한 것은 Verspoor & Smith's book; *Homeopathy Renewed : Cure and Prevention of Chronic Illness*를 참고하기 바란다. 예를 들면, 대부분의 경우에 있어서 원인론에 바탕을 두고 처방할 때 각 외상에 대한 약물로 충분하다. 즉, 너무 개별화 할 필요는 없다는 것이다. 만일 외상이 육체적인 것이라면 Arnica가 대부분의 경우 작용을 할 것이며, 만일 외상이 슬픔이라면 Ignatia로 충분하다. 어떤 사례에서의 원인론이 분명하고 직접적일 때, 씨 처방 근거로 증상론을 뛰어 넘을 수 있다. 나의 실제 경험에서도 이것을 알 수 있다.

그들이 밝혀 낸 새로운 사실은, 나도 동일한 파악이지만, 해결되지 않은 감정적 충격이 만성질환에 가장 빈번한 원인이라는 것과 이 요인들이 상응하는 치료제로 체계적이고 효과적으로 치료하면 상당한 건강상의 호전이 뒤따른다는 것이다. 그는 또한 강도가 높을수록 그 치료제는 시간상으로 훨씬 더 뒤로 돌아간다는 점을 언급했다. 이것은 흥미로운 생각이기는 하지만 저자가 어떠한 방법으로도 증명할 수 있는 성질의 것은 아니다.

처방 기법은 원인론에 따라 각 치료제를 다양한 강도로 처방 하는데, 대개 Ascending Potency scale을 사용한다. 예를 들면, 30-200-1M-10M을 하루에 한 알씩 연속적으로 복용토록 한다. 비슷한 형식으로 다음

치료제를 처방하기 전에 한달 정도의 기간이 소요된다. 만일 miasm이 원인이라면 상응하는 Nosode로 어떤 시점에서 치료한다. Elmiger는 다음과 같은 이론을 가지고 있다. Nosode는 그 Miasm에 해당되는 특별한 계절에 복용하면 가장 잘 작용한다는 것이다. Psorinum은 가을에, Tuberculinum은 겨울에, Medorrhinum은 봄에, Syphilinum은 여름에 해당한다. Carcinosin에 대한 언급은 없지만, 현재 아마도 내가 가장 빈번하게 처방하는 Nosode이다.

결 론

위에 언급한 모든 방법에 대한 변형을 가지고 실험 했는데 나의 경험으로는 모든 방법이 명백해서 단일 치료제로 효과를 얻기 어려운 사례에서 놀랄 만한 작용을 할 때가 있다. 많은 전문가들이 그들의 만성 사례들을 회고할 것이다. 그러면 그들 역시 의식을 하지 못하였지만 실은 그 특이한 사례를 치료하기 위하여 방법을 바꾸어 가면서 연속 처방을 해 왔다는 것을 발견 할 수 있을 것이다. 이런 아이디어들을 여기에 포함시킨 이유는 독자들로 하여금 더 연구하도록 자극하고 미래에 있을 수도 있는 분야까지 탐험하도록 격려하는데 있다. Homeopathy는 치료 체계로서는 아직도 걸음마 단계이다.

Further Reading

Dr. H. L. Chitkara
Best of Burnett - A Compilation of Burnett's Writings
B. Jain Publishers ltd, New Delhi, India

R. Verspoor & P.L. Smith
Homeopathy Renewed: Cure and Prevention of Chronic Illness
Norsona Academy, Ontario, Canada

R. Dyson & J. Cole
Classical Homeopathy Revisited
Winter Press, London

J. Stallick
A.I.D.S. - The Homeopathic Challenge
Ribble Press, England

Specifics

정 의

'Near-specifics'이 이번 방법의 좀더 정확한 이름이다. 유사한 상황들에서 복용하면 어떤 약물이 거의 항상 작용한다는 것을 바탕으로, 그리고 그러한 상황들은 대부분의 경우에 있어서 이치에 맞으면서 예측 가능한 one remedy-image에 부합한다는 가정 하에 약물을 처방한다. 예를 들면 육체적 손상에서는 Arnica가 해당된다.

처 방

다양한 방법이 있다. Specifics는 사실 Therapeutics 혹은 First-aid situations에서 항상 필요로 하며, 효과 범위는 그 이상을 넘지 않는 것 같다. 제한 범위 안에서 사용한다면 약국 처방으로는 이상적이며, 이 경우 대개 추천되는 강도와 용량으로 이미 포장된 채로 출시되어 있어서 누구라도 즉시 처방할 수 있다.

사용시기

다음과 같은 상황에서 가장 적절하게 사용될 수 있는 것 같다.

1) In first-aid situations.
2) In a therapeutics situation (즉, 환자 보다는 질환 자체가 치료되어야 할 경우) : 이 경우에도 다른 약물에 대한 명확한 지시 징후가 없을 때 사용될 수 있다.
3) 어떠한 이유로 전체 케이스를 얻을 수 없고, 아무 것도 안 하는 것 보다는 무엇인가를 하여 환자를 위기에서 벗어나도록 해야 경우.
4) 빠른 교체 처방이 필요한 경우, 즉 알맞은 개별화하기에 충분한 시간이 없을 경우.
(일반 치료사들과 약사들도 Specifics와 Therapeutics 사용 방법을 배움으로써 그들의 현재의 업무에 상당한 양의 동종의학을 접목시킬 수 있음을 알 수 있을 것이다.)

사용예

다음은 저자가 늘 사용하는 specifics의 일부이다.:

일반사항

이상하게 들릴지도 모르겠지만, 다음 사항을 언급하는 것은 가치가 있을 것 같다. Specifics는 특정 치료자로부터 다른 사람에게 항상 양도되지는 않는다. 즉, 어떤 치료자들에게는 매번 작용하는 Specifics가 본인이 실제 임상에서 적용했을 때에 비참한 결과로 끝나는 경우도 있다는 것을 가끔 들어 왔다. 반대로 저자의 Specifics를 사용해 보고 실망했다는 치료자들로부터 유사한 치료에 대한 반응을 듣곤 한다. 저자는 이런 현상을 왜 일어나는 지 설명 할 수 없다. 설명할 수 있는 누군가가 있으면 기고해 주었으면 한다.

Individualization은 성공적인 처방을 하기 위해서는 너무나 주요한 역할을 하기 때문에 일부 동종의학 전문가들은 Specifics와 같은 방법들이 동종의학에서 정당하게 사용될 수 있다는 것에 대해 부인하여 왔다. 이와는 달리 저자의 경험으로는 이런 방법들이 명백한 자리를 차지하고 있다는 사실을 제안한다. 그래서 이 방법을 이 책에 포함했으며 독자 스스로 판단하기 바란다.

Altitude sickness	Coca 12 p.r.n.
Backache of late pregnancy	Bellis-perennis 6 t.d.s.
Dislocations, tendency to	Calc.-fluor. 6x t.d.s.
Fever with sepsis	Pyrogen 200 p.r.n.
Glandular fever	Carcin. 200 t.d.s. x 2 days
Gout	Urtica-urens Ø 5dps t.d.s.
Growing pains	Calc-phos. 6x t.d.s.
Gumboil	Calc.-sulph 6x. 2h.
Haemorrhage, minor	Ficus-religiosa Ix p.r.n.
Ingrowing toenail	Mag.-p.-aus. 2M s.d.

Miscarriage, threatened	Viburnum-op. 200 p.r.n.
Nervous exhaustion	Avena-sat. Ø 5dps t.d.s.
Nosebleed	Melilotus 200 p.r.n.
Phlebitis, simple acute	Hamam. 30 (Ø ext.) p.r.n.
Prostate enlargement	Sabal-serrulata 3x t.d.s.
Ringworm	Bacilinum 200 c.s.d.
Scar tissue problems	Thiosiaminum 6x t.d.s.
Toothache	Plantago 3x p.r.n.
Warts all over hands	Ferrum-picricum 6 t.d.s.
Wrist ganglion	Ruta 50M s.d.

Further Reading

R.B. Bishamber Das
Select Your Remedy
Vishwamber Free Homoe Dispensary, New Delhi, India

M. Fayazuddin
Diseased Conditions as we meet in Everyday Practice
B. Jain Publishers Ltd, New Delhi

J.N. Shinghal
Quick Bed-Side Prescriber
B. Jain Publishers Ltd, New Delhi

S. Siddhantalankar
First-Aid Specifics of Homeopathic & Biochemic Treatment
Vijay Krishna Lakhanpal, 4/24 Asafali Rd, New Delhi

Symptom Similarity

정 의

이 분석 방법은 치료제 처방을 포함한다. 이유는 **환자 증상**이 **치료제 증상**에 대한 유사성을 내포하고 있기 때문이다.

개 요

가끔 나 스스로 내 자신의 발목을 잡을 때가 있는데, 사람들에게 Homeopathy에 대해서 이야기 할 때 환자의 증상과 proving에서 나타난 증상을 일치시키는 것 외에는 더 이상의 것은 없다고 넉살 좋게 말할 때이다. 만일 그렇다면, 그것보다 단순한 것은 없을 것이다. 만일 Homeopathy가 이와 같이 직선적인 것이라면 컴퓨터가 이미 처방하는 사람의 역할을 맡았을 것이다.

케이스에서의 증상은 흔히 처방의 바탕이 된다. 그러나 많은 경우에서 반드시 그렇지도 않다. 예를 들어, Aetiology 와 Miasm chapter를 보면 이러한 경우들을 볼 수 있다. 나에게는 Symptom-similarity는 단지 유사성 원칙 테마의 하나의 변형으로 보인다. 이 변형에는 다른 많은 방법들이 있다. 그뿐만 아니라, Curable Remedy를 찾기 위해 증상들을 솜씨 있게 처리할 수 있는 다른 많은 방법들이 있다.

Totality of Symptoms

이 용어는 동종의학에서 가장 오해되어온 개념 가운데 하나이다. 케이스의 모든 증상들이 모아지면 이것과 유사한 증상들을 포함하고 있는 치료제가 찾아지게 되며 curative similimum이라고 한다. Hahnemann은 다음과 같이 기술해 놓았다. ***"그러므로 개개의 질환은 질병보다 강력한 Totality of symptoms을 가장 유사하고 완벽하게 발생시킬 수 있는 medicine의 심화현상에 의해 가장 분명하게, 근원적으로, 조속히, 그리고 영구적으로 박멸되며 제거된다."*** (Organon of Medicine, paragraph 27)

여기까지는 사실이다. 하지만 만성 질환환자가 그들의 증상을 많은 페이지에 걸쳐서 표현한다면 이것은 다소 번거로운 분석 작업이 된다. 모든 증상들이 정확하게 기록이 되고 그것과 동등한 것이 Materia Medica안에 있다면, 치유적인 처방은 이 방법으로 찾아지게 될 것이다. 그러나 이 분석 방법은 시간이 많이 소요됨으로 비효율적인 것으로 보인다. 그래서 과정을 능률화하는 다양한 방법들이 추진되어 왔으며 보다 덜 고생스러우면서도 효과는 보다 지속적인 것들이다.

Hahnemann 스스로 이러한 점을 명확하게 발견하였고 다음과 같이 기술하였다. ***"각 질환을 특별히 나타내고 구분하는 Totality of symptoms이, 즉 어떠한 종류의 질환이라도 그림이 한번 정확하게 스케치되면 가장 어려운 작업이 끝나는 것이다. 그런 뒤에는 의사는 앞에 놓인 질환 그림을 가지고, 특히 만성 질환을, 치료할 수 있다. 모든 부분을 조사하면 특징적인 증상을 고를 수 있는 것이다."*** (The Organon, paragraph 104)

다시 말하자면, Totality of symptoms (모든 증상)은 반드시 취해야 하지만 증상들의 일부분을 Similimum을 찾기 위해서 취사선택해야 한다. 실제로 내가 아는 모든 동종의학사들은 정확히 이와 같이 하고 있다. 하지만 아직도 나는 처방의 바탕이 Totality of symptoms이라고 하는 것을 듣거나 읽기도 한다. 사실을 말하자면, Selected partiality가 totality 그 자체 보다는 similimum을 찾는데 좀 더 믿을 만한 가이드 역할을 한다. 그렇다면 그와 같은 케이스에서 어떤 증상은 취하고 어떤 증상은 무시해야 하는가를 어떻게 결정하는가? 어떤 증상들이 "Characteristic symptom"을 구성하는가? 이러한 의구심은 사실 Homeopathy에서 불확실한 부분 가운데 하나이고 많은 전문가들이 명확하게 하려고 노력하는 부분이다.

Characteristic Symptoms

이 용어는 uniqueness, individuality, 때로는 rarity or peculiarity - unexpected symptom와 관련이 있어 보인다. 주어진 케이스에서 Characteristics를 선택할 때에 위의 사항에 주목해야 한다. Hahnemann은 다음과 같이 어떤 증상이 선택 되어야 하는지 실마리를 주었다. "The more striking, singular, uncommon and peculiar signs and symptoms……"

어떤 증상은 매우 분명하면서도 인상적이어서 주목을 끌 수도 있으며, 질환이나 환자의 타입에 비해 진기한 증상일 수도 있다. 간혹 생리학적으로 불가해한 증상이 그 케이스에서 Key로서 작용할 수 있다. 명심해야 할 주요 개념은 특정 증상은 실제로 모든 사람에게 흔하지만 다른 증상은 개인에게 독특한 증상이다.

모든 인간은 2개의 눈, 2개의 귀, 1개의 코, 2개의 입술을 가지고 있다는 공통점이 있다. 이러한 사실은 인간 모두에게 'common' 하다고 볼 수 있다. 이처럼, 많은 환자에게서 볼 수 있는 두통, 무기력, 불면, 냉감, 변비 등은 'common symptom'이다. 그러나 이 증상과 더불어 모든 사람들에게는 'distinguishing peculiarities or qualities'가 항상 존재하므로 사람들로부터 분별하여 개인화 할 수 있다. 갈고리 모양의 치아, 특이한 냄새가 나는 호흡, 쉰 목소리, 사시, 통통한 입술 등이 이 증상에 속한다. 어떤 외형을 가진 사람이 특징적인 이목구비를 가지고 있으면 즉시 감지할 수 있다. 이와 같이 접근을 하면 Characteristics를 찾을 수 있을 것이다.

Homeopathy에서의 문제점 가운데 하나는 개인화의 예술과 **특징적 증상을 인지하는 방법**을 타인에게 가르치기가 어렵다는 것이다. 할 수 있는 최고의 방법은 배우는 사람들의 주목을 그것에 대한 절대 필요성으로 이끌어 주는 것이다. 그리고 난 뒤에는 경험으로부터 스스로 직접 그것을 발견하도록 하는 것이다. 50 마리의 양떼 사이에 들어가서 각각의 양을 구분하여 개별화하는 상황과 유사하다. 문제는 모든 양이 나에게는 유사하게 보인다는 것이다. 내가 발견할 수 있는 거라고는 양에게는 흔한 증상들뿐이다 - 양털, 달아나는 경향, 무표정한 얼굴 등등. 그러나 지각력이 있는 목자는 양 하나하나를 매우 쉽게 골라내면서 특징적인 면을 명확하게 지목한다. 경험을 말하고 있는 것이다.

Keynote Symptoms

Keynotes and Characteristics가 서로 다른 뜻을 가지고 있는 지와 용어를 만든 사람이 마음에 다른 뜻을 두고 있는지는 저자에게는 분명하지 않다. Keynote란 말은 실제로 음악에서 First (lowest)란 뜻을 가지고 있어 Basis 라는 의미와 Key라는 의미를 모두 가지고 있다. Keynote prescribing이라는 말은 하나 혹은 몇 개의 뛰어난 증상을 취해서 그것들이 강력하게 지시하는 particular remedy를 찾는 것이다. 특히 하나 혹은 소수의 remedy가 그 증상이나 증상 그룹을 나타낼 때 가장 유용하다. Keynote prescribing은 고전 문헌에 부적절하게 기술되어있다. 특히 Kent의 경우에서는 더욱 그러하다. 그래서 최근에는 잃어버린 예술로 되어 버린 것 같다. 이 방법의 거장들로는 Lippe, Allen, Guernsey, and Nash 등 소수가 있을 뿐이다.

Origins of Keynotes

여기에는 3가지 원천이 있다.

1) Provings : 동일 약물을 복용한 provers에 대한 대단위 단면 조사에서 나타난 증상들이다. 즉 Belladonna를 복용했을 때 나타나는 Heat and Redness는 다양한 지역에서 수 많은 provers에게서 나타난 증상들이다.
2) Verified Symptoms : 대다수 혹은 소수의 provers에게서 나타났지만 임상에서 대부분 치료를 성공적으로 이끌어 냈던 약물증상이다. 예를 들면, "painful cracks in the right-hand corner of the mouth"라는 증상은 Burnett이 스스로 Cundrango로 proving 하였으며 유사 증상을 보이는 수많은 케이스에서 성공적으로 처방했다.
3) Clinical Indications : proving에서는 나타난 적이 없지만 임상에서 다른 증상들을 바탕으로 처방했을 때 반복적으로 치료된 증상들을 말한다. 실제로 모든 Aetiological prescription은 이와 같이 발견 되었으며 일부는 약물에 대한 guiding symptom으로 사용되고 있다. 예를 들면, "Ailments following smallpox vaccination"는 Thuja, "Mental changes following head injury"는 Natrum sulph, 그리고 "Ill effects of puncture wounds"는 Ledum을 지칭하는 원인론적 증상들이다. 마지막 것은 검사상에서 처음 관찰 되었고 그 이후로 Ledum을 가리키는 가장 믿을만하고 가치있는 증상인 것으로 드러났다.

Leading Keynotes

나는 수 차례에 걸쳐 하나 혹은 소수의 keynote symptom만을 이용하여 성공적으로 remedy를 처방 했었다. Keynote은 또한 indicated-remedies를 분별할 때도 큰 가치가 있다.

많은 치료제들은 잘 증명된 한 두 가지의 증상을 가지고 있어서 다른 증상을 거의 고려할 필요 없이 환자에게 필요한 치료제를 처방할 수도 있다. 문헌 여기저기에서 이러한 방법으로 치료된 사례들을 볼 수 있다. 이와 같은 keynote이 존재하면 케이스의 나머지 증상들 역시 그 치료제에 일치한다는 것을 알 수 있다.

Examples of leading keynotes:	
Symptoms alternate sides	Lac-caninumm
Symptoms worse for motion	Bryonia
Pain under right scapula	Chelidonium
Pulse out of proportion to temperature	Pyrogen
Nausea with clean tongue	Ipecacuanha
Abdomen feels drawn by a string to spine	Plumbum
Symptoms worse between 2 am and 4 am	Kali-carbonicum
Triangular red tip on tongue	Rhus-tox
Feels unusually well before an attack	Psorinum

사 례

최근에 임신으로 인해 지속적이고 심한 구역 증세로 내원한 여자 환자를 치료한 적이 있다. 증상은 음식 만드는 냄새를 맡으면 악화되었고 위장 부위는 텅 빈 듯한 느낌이 들었다고 했다. Sepia의 분명한 적응증 같아 보여서 투여했지만 효과는 없었다. Miasm, 공허한 느낌과 지속적인 구역감 증상을 고려하여 Psorinum을 처방 했지만 역시 반응이 없었다. 각 증상에 대해 차례대로 자세하게 재 질문을 했다. 마지막으로 "구역질과는 별도로 당신이 가진 가장 특별하다고 생각되는 증상은 무엇인가?"라는 질문에 그녀는 이 질문을 기다렸다는 듯이 "글쎄요, 이상한 것은 음식을 먹고 있는 동안은 항상 편안해요."라고 대답했다. Anacardium 10M을 처방했고 2일 이내로 증상이 없어졌다.

한번은 전립선 문제로 내원한 남자 환자에게 Thuja를 할 수없이 처방 적이 있다. 이유는 그 환자의 소변이 'forked stream' 처럼 나오는 증상을 자발적으로 언급했기 때문이었다. 복용 후 큰 호전이 있었다. Thuja를 처방한 다른 케이스로는 'Weeps on hearing music' 증상이 너무 현저한 경우가 있었다. 비록 증상들의 일부분만을 커버하였지만 치료 반응을 일으켰다.

Strange, Rare, and Peculiar Symptoms

증상은 단지 환자가 어떤 상황에 있느냐에 따라 strange, rare or peculiar 하게 된다. 예를 들면, 은행 직원인 환자가 길거리에서 노래를 부르는 증상은 strange 증상으로 간주되지만 알코올 중독자에게는 흔한 증상일 뿐이다. 처방하는 사람이 각 질환의 증상과 증후를 잘 알고 있다면, peculiar한 증상을 쉽게 파악할 수 있다, 특히 급성 질환에서는. '열이 있는 기간에 갈증이 없다'는 증상이 전형적인 예이다. 소음과 불빛에 의해 완화되는 편두통도 다른 예가 될 것이다. 만성 질환에서는 strange symptoms는 대개 감지하기 어렵다. 왜냐하면 유사한 질환을 가진 환자들이 수 많은 증상을 호소하기 때문이다. 여기서 주목해야 할 점은 "질병 자체에서 보이는 이상한 증상은 무엇인가?" 보다는 '환자에게서 보이는 이상한 점은 무엇인가?"이다.

사 례

전처인 Sally가 집으로 케이스를 가져온 적이 있다. 47세 남자로서 "신장이 좋지 않다"라는 주소와 진단되지 않은 호흡기 증상이 있었는데 둘 다 수년 동안 앓아 왔다고 한다. 부종이 있었고 신장 부위의 압통, 그리고 급선 신장염이라는 과거력이 있었다. 소변이 뿌옇게 나왔으며 밤에는 frequent urging이 있었다. 변비 경향이 있었는데 때로는 직장위쪽으로 뻗치는 칼로 베는 듯한 통증이 동반되었고 밤에 증상이 악화되었다고 했다. '흉부에 압박감'을 느꼈고 '흉부 자체의 허약함과 구역감'이라는 느낌이 있었다. 코는 희고 두꺼운 점액으로 막혔고 침대에 있으면 발이 욱신거리는 증상이 있었다. 땀을 많이 흘렸는데 따뜻한 음료를 마시면 악화 되었다. 가끔은 수건 한 장을 적실 정도로 땀을 흘린다고 했다. 가끔은 대변에 소량의 피와 점액이 섞여 나온다고 했다. 어릴 때에 폐렴, 종기, 그리고 사마귀 등의 과거 병력이 있었다고 했다.

여기에서는 2가지의 특이 증상을 볼 수 있는 것 같다. 그 중에 하나는 'weak and sick feeling in the chest'라는 증상이었는데 환자가 지나가면서 한 말은 Sally가 부지런히 받아 적어 두었었다. 위장에서 구역감은 흔하지만 흉부에서는 흔하지 않다. 이 케이스에서는 이 증상이 Keynote였다. Kent's Repertory에서 (P. 506) 이 증상을 가진 치료제는 모두 18개 이었다. 이탤릭체로 된 치료제는 Crocus, Mercurius and Rhus tox였고 나머지는 점수가 낮은 것들이었다.

두 번째의 특징적인 증상으로는 믿을 수 없을 정도의 강도를 가진 증상으로 택했다. 그 환자는 발한이 너무 심해서 수건으로써 몸을 닦아야 될 정도라고 했다. 그와 같은 증상을 무시할 수 있겠는가? 이 두 가지 증상을 연결하여 보니 Mercurius가 제격이었고 다른 뛰어난 증상들도 포함하고 있었다. 200C를 처방했고 후에는 1M 강도로 처방해서 모든 면에서 뛰어난 호전을 보였다.

이와 같은 케이스에서 배울 수 있는 것은 Repertory와 Materia Medica를 가지고 분석을 시작하기 전에 케이스를 재고하고, 다양한 각도에서 케이스를 보라는 것은 항상 가치가 있다라는 점이다. 이렇게 스스로 훈련함으로써 장기적으로는 '분석에 있어서의 시간 낭비'를 줄일 수 있다. 만일 케이스가 잘 취해 졌다면, 좋은 처방을 위한 모든 정보는 가진 셈 이다. 그러나 증상을 바탕으로 하는 처방의 기교는 알곡을 골라내는 데에 있다.

Sally가 한번은 발을 땅에 내딛기만 하면 그 순간에 발가락들이 무의식적으로 구부려져서 보행에 엄청난 지장을 겪고 있는 여성 노인 환자를 본 적이 있다. 환자의 일반 신체 상태를 근거로 한 처방에는 별 반응이 없었다. 그래서 우리는 그 이상한 증상을 철저히 조사하기로 결심했다. 오랜 탐구 끝에 Badiaga 아래에 나열된 증상과 유사하다는 것을 알아냈다. Badiaga에 대해서 내가 알고 있던 유일한 것은 입에서 뛰어 나가는 가래를 동반한 기침이었지만, 이 환자에게서는 볼 수 없는 증상이었다. 그럼에도 불구하고 이 치료제를 투여했는데 뜻밖에도 그 환자는 뚜렷한 호전을 보였다.

환자나 의사 모두가 인지하지는 못하지만 환자들이 이 특이한 증상들을 얼마나 많이 발설하는지를 알게 되었을 때 나는 가끔 놀랄 때가 있다. 매우 많은 육체적, 감정적인 증상이 있는 어떤 환자를 수개월 동안 치료한 적이 있다. 그러나 별반 성과는 없었다. Case-taking을 다시 하였지만 새롭게 알게 된 것은 없었다. 그래서 예전의 모든 기록을 샅샅이 찾아 검토했고 빠뜨린 것이 없나 확인했다. 나를 기절하게 만든 것은 그 환자가 이미 여러 차례 반복해서 말해 왔던 구절이었다. 받아 적어 두었지만 분석할 때에 별 다른 관심을 두지는 않았던 것이었다. 그녀가 말했던 바는, 몸의 에너지 상태를 설명하면서, "I feel half dead."이었다. 갑자기 어디에선가 꽤 충분하게 읽었던 무엇인가와 매치가 되기 시작했고 Kent's Repertory; Mind section에 있는 'Delusion, body alive on one side, buried on the other'를 찾아냈다. 그 치료제는 바로 Stramonium 이었고 환자는 극적인 반응을 보였다.

Complete Symptoms

Boenninghausen은 그의 비상한 법률가 두뇌를 Homeopathic Similimum을 찾는 문제에 활용했다. 그리고 그는 분석 과정을 향상 시키는 몇 가지 유용한 도구를 남겼다. 그 가운데 한 가지는 저자가 "CLAMS" 라고 부르는 것인데 해석하면 다음과 같다.

Concomitant

Location

Aetiology

Modality

Sensation

Boenninghausen은 모든 증상들은 전인 질환의 표현이며, 만일 각 증상이 같은 원천으로부터 기인되었다면 이론적으로 각 증상들은 역으로 그 원천까지 이끌어 줄 수 있다는 생각을 가지고 있었다. 마치 바퀴의 살들이 구심점으로부터 멀리 떨어져 있는 것처럼, 모두가 모이면 하나의 중심에서 만난다는 것이다. 임상적인 목적에서, 그는 Case-taking하는 동안에 모든 증상들은 가능한 위의 CLAMS을 충족하도록 완성 되어야 한다고 권유한다.

대개 환자들은 자발적으로 한두 가지는 말할 것이다. "I have splitting (sensation) headache (location)". 그러나 그림을 완성하기 위해서는 하나 이상의 modalities 그리고 Aetiology 혹은 Concomitant가 필요

하다. 5가지 모두를 완성 하기는 드물지만, 저자는 항상 최소한 3가지를 목표로 한다. 잘된 Case-taking은 이미 절반 이상은 치료한 것이라는 말은 진실임에 틀림이 없다.

'CLAMS' 라는 도구는 매우 유용하여서 가능한 완성된 그림을 얻도록 도와준다. 한 동안은 그것을 전화 메모지에 써 두었었다. 그래서 전화상으로 급성 질환을 취급할 때에 전화를 끊기 전에 그 빈칸을 채워 넣고는 했다. 이런 연습을 한 동안 하고 나니, 이젠 습관이 되어 두뇌가 자동적으로 완성된 증상 그림을 가지기 위해서 물어 보지 않아서 무엇인가를 빠뜨린 것이 없나를 알아차리게 되는 현상이 생겼다.

간혹, 유사한 현상이 만성 질환을 다룰 때에도 나타나곤 한다. 철저하게 Case-taking을 했지만 알 수는 없지만 무엇인가를 빠뜨린 것이 아닌가 하는 불편한 느낌이 상당히 자주 온다. 이러한 느낌이 오면 환자에게 '무엇인지는 모르지만 어디에선가 빠져 있는 것이 있기 때문에 아직은 처방해 드릴 수가 없습니다."와 같이 말하면서 환자에게 무엇인가를 기대하듯이 바라본다. 그러면 틀림없이 환자는 재 방문해서 예전에 언급하지 않았거나 고의적으로 피했던 무엇인가를 말한다. 그런 후에 그림이 완성되기도 한다. 이런 말들이 어떻게 효과를 나타내는지는 모르지만 확실히 유용하다.

The Three-legged Stool

Hering은 Homeopathy에 three-legged stool 라는 아이디어를 소개했

다. 그는 이 도구를 사용하면 **3개의 Outstanding Symptoms** - keynote, characteristics 등으로 불리는-만 있으면 curative remedy를 찾을 수 있다고 제안했다. 나는 항상 케이스를 확실히 고정시키기 위해서 4개의 증상을 선호하지만 대개는 3개로써도 족한 것 같다. 3개의 common symptoms는 가치가 없다. 증상은 그 개수도 중요하지만 반드시 중요도가 다루어져야 한다는 것을 명심해야 한다.

Further Reading

H. C. Allen
Keynotes and Characteristics with Comparisons
Indian Books & Periodical Syndicate, New Delhi-110055, India

C. M. Boger
Boenninghausen's Characteristics and Repertory
Jain Publishing Co., New Delhi, India

A. Von Lippe
Keynotes of the Homeopathic Materia Medica
Jain Publishing Co., New Delhi, India

H. N. Guernsey
Keynotes to the Materia Medica
Jain Publishing Co., New Delhi-110055, India
E. B. Nash
Leaders in Homeopathic Therapeutics
Jain Publishing Co., New Delhi-110055, India

R. Gibson-Miller
Comparative Value of Symptoms in the Selection of the Remedy
Jain Publishing Co., New Delhi, India
P. Sankaran
Analysis and Evaluation of Symptoms
The Selection of the Similimum and the Management of the Patient
Homeopathic Medical Publishers, Bombay, India

F. Vermeulen
Concordant Materia Medica
Synoptic Materia Medica vols. 1 & 2
Merlijn Publishers, Netherlands

Tautopathy

Definition

Tauto = 'the same'

이 방법은 Isopathy의 하나의 변형이다. 차이점은 Tautopathy는 예전 어떤 시기에 환자가 복용했던 약물 혹은 독소를 강화해서 처방하는 것을 특별히 지칭하는 말이다.

사용시기

동종의학의 다른 방법들을 대체해서 사용하기 보다는 대개 부가적으로 유용하게 사용된다. 다음과 같은 경우에 주로 사용한다.

환자가 무슨 약물을 복용했든지 혹은 어떤 예방접종을 받았던지 사용할 치료제를 분명히 보았다면 그 치료제를 준다는 원칙을 저자가 모든 환자를 치료할 때 출발선으로 잡고 있다. 저자의 믿음은 만일 환자가 다른 약물을 극복하고 분명한 하나의 치료제 이미지를 보여줄 수 있다면, 그것은 좋은 징후이고 매우 잘 반응 할 것이다. 환자가 지금까지 복용한 모든 것들을 해독할 필요는 없다. 이유는 복용이 중단된 이상은 대부분의 약물들은 장기적인 작용을 하지 않기 때문이다. 동료들과 친구인 Robert Davison은 이 상황에서 기억할 만한 가치가 있는 황금률을 가르쳐 주었다. "If it ain't broke, don't fix it!"

1) Aetiological Prescription

만일 환자가 특정한 약을 복용한 뒤부터, 어떤 종류의 증기·향기를 흡입한 뒤부터, 어떤 예방 접종을 받거나, 혹은 독성 화학물을 먹은 뒤부터 'Never been well since' 현상이 생겼다면, 이런 것들은 Direct etiologies이며, 치료는 가능하면 원인을 포함해야 한다. 임상 경험에 의하면 많은 약물, 독소, 그리고 치료의 나쁜 영향은 환자의 증상에 기반을 둔 치료제에 의해 제독될 수 있다는 것이 밝혀졌다. 예를 들면, Pulsatilla는 철분으로 인해 고통 받는 환자들을 위한 leading remedy라고 알려져 오고 있다. Nux vomica는 narcotics와 laxatives의 남용에 대해서, Thuja는 smallpox vaccination의 나쁜 작용을 위해 사용된다.

사 례

다음의 사례는 증상 그림에 바탕을 두고 처방 된 치료제가 확실한 것이라면 약물의 나쁜 작용을 치료할 수 있다는 것을 묘사하고 있다.

4살 된 소년이 수 일간 열, 땀, 짜증, 식욕상실 등의 증상이 있었다. 갈증은 심해졌고, 안절부절하며, 스스로에 대해서 비참하게 생각하고 있었다. 모든 증상이 콜레라 백신과 장티푸스 백신을 맞은 직후에 발생했다. 이 가족은 2일 내에 해외여행을 가기로 되어 있었다. 무엇보다도 인상적인 것은 아이가 어머니한테 코알라 곰처럼 엉겨 붙어서 한사코 검사를 거부 한다는 것이었다. Kent's Repertory - rubric 'aversion to being looked at'에 있는 remedies 가운데 Antimonium tartaricum이 나의 이목을 잡았다. 수주 전에 예방접종과 관련하여 Ant-t에 대한 것을 소책자에서 읽은 적이 있었기 때문이었다. Phatak's Materia Medica에서 Ant-t에 대한 적응증으로 'after vaccination when Thuja fails and Silica is not indicated' 그리고 'clings to attendants'라는 증상이 있었다. Ant-t 200, single dose를 처방 했고 12 시간 안에 그 어린이는 나았다. 'ailments following vaccination'의 몇몇의 케이스에서 Ant-t을 사용하여 동일한 성공을 본 이후에 저자는 이 rubric에 Ant-t을 첨가했다.

이와 같이 우리의 결과를 기록해 두는 것이 절대적으로 중요하다고 생각한다. 임상 경험들이 축척이 되면 하나의 구조를 형성이 될 수 있으며, 이것은 차후에 다른 사람들에게 큰 이익을 줄 수 있기 때문이다. 컴퓨터 기술로 인해 전에서 꿈도 못 꾸었던 정보의 축척과 접근이 가능하다. 그러나 우리는 현재 과거의 치료자들 보다 기록하고 지식을 공유하는데 부지런하지 못하다.

Homeopathy가 당면한 문제 중에 하나는 수 백개나 되는 새로운 화합물, 약물, 백신, 마취제 등의 해로운 효과를 다루는데 있다. 만성 질환자가 동시에 여러 개의 약물을 복용하는 것이 흔한데, 대다수는 다른 선행약물의 해로운 작용을 극복하기 위한 것이다. 믿을 수 없게도, 전통적인 동종의학 방법은 대개 이러한 효과들을 극복할 수 있으며 환자의 건강을 되찾게 할 수 있다. Tautopathy는 분명히 사용할 치료제를 찾을 수 없거나 만족스럽게 반응하지 못했을 경우에 매우 유용하게 사용할 수 있는 방법이다.

가장 극적인 결과는 약물이나 독소가 환자의 증상에 직접적인 원인이 되는 경우에서 일어난다. 물질의 본질이 알려지는 한, 그 물질은 동종의학적으로 강화되어 환자에게 다시 줄 수 있는 것이다.

사 례

60대의 여자환자가 내원했는데 주 증상은 "목구멍이 조여 든다"는 것이다. 음식물을 삼킬 때마다, 흉골 뒤쪽에 걸리고 등 쪽으로 뻗치는 '뜨거운' 통증이 생긴다고 했다. 음식을 토하고 나면 통증이 가라앉는다고 했다. 음료수를 마시면 대개 딸꾹질이 발작적으로 발생했다. 공기만 나오는 트림을 많이 했고, 목에는 덩어리가 있는 듯 한 느낌이 있었는데 음식물을 삼켜도 여전하다고 했다. 포만감이 쉽게 오고 변비 경향이 있었다.

대략 8년 전에 그녀는 식도 내시경을 받은 적이 있는데 파열이 되면서 우측 폐가 천공되었다고 했다. 폐 허탈이 생겼고 결과적으로 늑막염도 발생했다. 이후로 쉽게 숨이 차고 깊게 흡기를 하면 흉부에 통증이 왔다. 이 케이스를 연구하는 동안 Arnica 200, 이어서 Calendula 30을 과거 외상을 근거로 처방했는데, 흉부 통증은 없어졌지만 다른 증상은 여전했다. 증상 분석 상에서 Nat-m이 최고의 치료제로 나왔지만 복용 후에도 별 효과가 없었고 Kali-c 그리고 Lachesis을 시도했지만 역시 반응이 없었다.

문제의 근원에 대해서 보다 많은 정보를 얻기로 결정했다. 폐 사건 약 1년 후에 우측 고관절에 관절염이 생겼었다는 것을 알아냈다. Naprosyn (NSAID)을 복용했는데 그 직후에 식도 부위에 심한 Burning pain이 발생했다. 1주일 후에 약 복용을 중단했지만, 그 후로 음식을 삼키는 것이 힘들어졌고 흉골 뒤의 통증, 그리고 목에 덩어리가 있는 듯한 느낌이 발생했다. 사실 환자는 “NWS”를 저자에게 확언했었다.

이 이야기를 듣고는 Naprosyn 30을 구해서 24 동안에 3회 복용하도록 했다. 다음날 남편이 전화를 해서 “도대체 내 아내에게 무엇을 주었소?”라고 했다. 그의 아내가 30년 전에 아시아 독감에 걸린 이후로 그렇게 아파한 적이 없다고 했다. 모든 것이 잘 될 것이며 하루만 더 기다려 보자고 자신 있는 목소리로 말하려 노력했다. 다음날 그녀가 전화를 해서는 몇 년 만에 아무런 문제없이 방금 토스트를 먹었다고 감격스럽게 말했다. 그 후 3개월 동안 아무런 문제가 없었으며, 모든 음식을 먹을 수 있었으며, 통증이나 구토도 없었다. 그리고 공기 트림도 없어졌고 전체적인 건강도 상당히 호전이 되었다고 했다. 그리고 난 뒤 가까운 친구의 죽음으로 증상이 부분적으로 재발이 되었는데 Ignatia 200으로 매우 빠르게 회복했다. 가지고 있던 Naprosyn 30을 추가적으로 보냈지만 더 이상 복용할 필요가 없었다.

이번 케이스는 NWS 상황에서 Tautopathic prescription으로 초기 악화 현상에 이어 급속하면서도 극적인 호전이 나타난 전형적인 예를 보여 주고 있다.

또 다른 예로는, 정원 울타리를 칠한 직후부터 구토와 설사가 심하게 발생한 환자가 있었다. 그녀의 증상이 너무 심해서 극도의 쇠약과 심한 생리적 배출을 매우 잘 담당할 수 있는 Veratrum album을 처방하려고 했으나, Clarke's Materia Medica를 읽는 도중에 Kreosotum에도 유사한 증상이 있는 것을 발견하고는 Verat. 대신에 Kreos. 30을 여러 번 복용토록 했다. 결과적으로 구토는 즉시 멈추었고 다음 수 일간에 걸쳐서 점차 회복되었다. 2주 후에 급성 증상 재발은 없었지만 중독 이후로 몸이 약간은 이상함을 느꼈다고 했다. 그래서 Kreos. 10M, one dose를 처방하여 그녀는 완쾌 되었다.

백신의 효과

현재 사용중인 백신들은 그것으로 인한 급 · 만성 건강 질환의 원인이기도 하고 또한 그것을 치료할 수 있는 능력이 있으므로 모두가 polychrest remedies이다. Potentised BCG (anti-tubercular) vaccine을 사용하여 많은 사례에서 좋은 결과가 일어났다. 이 백신에서 가장 흔한 나쁜 효과는 류마티스 관절염과 유사한 증상의 발생이다. 증상은 대개 다발성 관절염이 생기며 유주성 통증이다. 이러한 증상들은, 알맞은 치료제를 확보하지 못했을 때에, 몇 번의 BCG 30 투여로 완전히 치료되는 경우와 청소년 여드름이 BCG remedy에 또한 잘 반응하는 것을 보아왔다. 동료인 David Howell은 임상에서 Tautopathy로 좋은 결과들을 얻은 사람인데, 6살에 성장이 완전히 멈추어 버린 7세 된 여아를 치료한 적이 있다. BCG 접종까지 더듬어 올라가 추적하여 그는 BCG 30, single dose를 처방하였고, 이후로 그 여아는 3개월 만에 2.5 인치나 성장했다.

그렇게 많지는 않지만, Triple vaccine에 의한 효과들은 인체 내에 편재하고 있다. Harris Coulter의 저서인 'D.P.T. - A shot in the Dark?'에서는 백신에서 기인한다고 보는 증상들과 질환을 나열하고 있는데, 읽으면서 고민을 느낀다. 개인적으로 chronic recurring ear infections, recurring high fevers, chronic diarrhea, allergic states, skin problems, chronic catarrh and 'glue ear' 등의 질환을 DPT 30으로 성공적으로 치료하여 왔다. 출생 후 3~4개월 사이에 문제점이 시작된 어린이들을 볼 때마다 나는 이미 첫 처방으로 DPT를 강력하게 떠올린다.

약물 반응

각별히 명심해야 할 것은 케이스에서 약물이나 독소가 원인 인자라면, 환자는 대개, 수 년 이 지난 뒤라도, Potentised form으로 된 같은 약물에 대해서도 심한 예민성이 있다는 것이다. 복용한 소아마비 백신에 격렬한 반응을 보였던 환자를 본적이 있는데, 이 약물을 복용했을 때 20년 뒤에도 같은 증상을 보였다. Polio (Salk) Vaccine 30, one dose를 처방 했는데 그는 이 약물에 거의 즉각적인 반응을 보였다. 이러한 경우들에서 내가 배웠고 또한 추천하고 싶은 점은 Tautopathic remedy를 처방할 때에는 저강도로 해야 악화현상을 최소화 할 수 있다는 것이다.

간헐적 투여 약물

때로는 환자에게서 꽤 분명한 약물 그림을 볼 수 있는 경우가 있다. 그러나 처방된 치료제가 작용에 실패하거나 증상이 재발하게 되는 경우가 있다면, Miasmic blockage를 의심할 수도 있지만, 과거에 복용한 약물이 동종의학 치료제의 완전한 작용을 방해하고 있을 경우도 역시 있을 수 있는 것이다. 이와 같은 케이스에서 Potentised drug을 치료 도중에 처방하면, 진로를 뚫어서 indicated remedy의 작용을 원래대로 하게 만든다. Calcarea Carbonica (환자의 체질약물)를 사용하여 습진으로 고생하던 환자를 치료한 적이 있는데 반응이 있었지만 금방 재발 하였다. 과거에 Penicillin을 매우 많이 처방 받았다는 사실과 이 약물이 피부에 대해서 강한 친화력이 있다는 것을 바탕으로 Penicillin 200을 처방했다. 놀랍게도 증상은 실제로 뚜렷하게 호전 되었다. 이어서 나는 Calc-c를 다시 처방했고, 이 약물이 치료를 완료시켜 다시는 재발이 없었다.

저자는 과거에 관절 안으로 직접 Cortisone injection을 받은 적이 있는 수많은 환자들을 치료하여 왔다. 이들 환자의 일부는 그 치료에 전혀 반응이 없었거나 혹은 전반적으로는 반응이 꽤 있었지만 주사받은 부위의 관절은 여전히 문젯거리로 남은 사람들이었다. 이런 케이스에서 Cortisone 200을 여러 번 복용하도록 했는데, 이로 인해 증상이 뚜렷하게 호전 되었거나 혹은 추가적인 치료를 함에 있어서 과거의 Injection이 더 이상 방해물이 되지 않도록 하였다.

우리에게는 유명한 'Imponderabilia'(무게를 측정할 수 없는 것)의 일부도 Intercurrent Tautopathic prescription에 유용하게 사용할 수 있다. 예를 들면, X-rays에 많이 노출 되었던 환자가 치료에 반응하지 않는다면 Potentised X-ray, one dose를 필요로 할지도 모른다. 방사선에 노출된 경력이 있는 환자들과 암 환자들은 Radium Bromide가 요구될 수 있고 과거에 ECG 치료를 견딘 적이 있는 환자들은 Electricitas를 투여 할 때까지 치료가 어려울 수 있다.

독극물 제거법

1950년대와 1960년대에, 주석이나 비소와 같은 독극물을 치사량에 가깝게 주입한 동물들에게 같은 물질을 4c, 5c, and 7c와 같이 저강도로 투여하면, 소변과 대변을 통해 그 독극물이 훨씬 더 많이 제거된다는 사실이 실험을 통해 증명 되었다. 조사 기법들에 대해서는 반박할 수 있지만, 실험 결과 보고서들은 Tautopathy가 중독, 과다복용, 그리고 다른 형태의 화학적 독성 케이스를 치료함에 있어서 효과적인 것으로 증명하고 있다.

Mrs. Tyler, Foubister 등과 같은 사람들은, Potentised Alumina 역시 금속으로 만들어진 요리 기구의 지속적인 사용을 통해 알루미늄으로 중독되어 왔던 환자들에게 도움이 될 수 있다고 제기하고 있다. 우리가 현재 다양한 형태로 존재하는 환경적인 독소들에 당면해 있을 정도이므로 대규모 샘플링을 통해 이 방법의 효능성을 조사해 보는 것은 가치가 있는 연구가 될 것이다.

약물 중지 방법

약물을, 특히 진정제나 스테로이드와 같은, 일반적으로 끊기 어려운 환자들에게 Tautopathy가 도움이 된다는 임상적 증거들이 풍부하게 있다. 약물을 끊는 시기 동안에 Potentised same drug를 투여하면 그 과정이 단축되거나 환자에게 좀 덜 충격이 갈 수 있다는 것을 저자는 발견했다. 내가 선호하는 방법은, 말하자면, Prednisolone 30, twice a week로 처방하고 복용하는 동안에 필요한 만큼 수주 혹은 수개월에 걸쳐 약물 용량을 점차 줄여 나가는 것이다. 일부의 케이스에서는 약물에 의해 발생한 부작용이 그 약물을 줄이기도 전에 Potentised remedy를 투여함으로써 감소되는 현상을 보아왔다. 이러한 결과들은 Tautopathic remedies가 실제로 체내에 축적된 물질 제거능력을 향상한다는 것을 입증한다. 이 방법은, 특히 금단 증상이 환자에게 치명적일 수 있는 Heroin등과 같은 약물을 끊을 때, 도움이 되는 보조적인 방법으로서의 효능성을 검증하는 일은 가치 있는 프로젝트일 것이다.

Further Reading

D. M. Foubister
Constitutional Effects of Anesthesia
Indian Books & Periodicals Syndicate, New Delhi, India
The Significance of Past History in Homeopathic Prescribing
Homeopathic Medical Publishers, Bombay, India

R. Patel
What is Tautopathy?
Hahnemann Homeopathic Pharmacy, India

Thematic Prescribing

정 의

이 방법은 특정한 테마에 상응하는 치료제들을 함께 모아 분류하는 다양한 방법들을 말하며, 또한 이들과 환자에게서 발견된 상응하는 테마를 서로 매칭 시키는 것을 포함한다.

See also: Group analysis

개 요

최근 몇 년 동안에 약물 학의 분량이 상당히 늘어나서, 새로 도입된 치료제를 어느 레퍼토리에 위치 시켜야 하는지 어려움이 있으며 진료자의 업무 역시 매년 수백 개에 달하는 익숙하지 않은 새로운 치료제의 도입으로 쉽지 않다. 상당한 양의 정보를 임상적으로 통합시키는 하나의 방법으로, 치료제를 개별적으로 배우는 것보다는, 치료제들을 다양한 그룹 혹은 과(科, family)로 분류하는 것을 배우는 것이다. 사실 이것은 새로운 아이디어가 아니다. 예를 들면, Farrington's Clinical Materia Medica에서는 뱀의 독과 여러 개의 식물 종류처럼 자연적인 그룹으로 치료제를 분류하고 있다. Cooper와 Burnett 역시 이 방법으로 치료제를 연구하여 같은 과(科)에서 나온 여러 개의 식물들이 공통적인 증상이나 친화성을 가지고 있다는 것을 알아냈다.

예전의 일부 거장들로부터 얻어진 이러한 암시들은 현대의 동종의학사들로 하여금 이러한 테마를 더욱 발전시키도록 하였고, 단지 배우는데 도움이 되는 것을 넘어서 보다 세련된 방법으로 사례 분석과 실제 처방 영역으로 테마를 확대하는데 영감을 주었다. 기본적인 아이디어는 치료제를 특정 테마에 따라 분류한 다음 환자에게서 발견되는 유사한 테마를 찾는데 있다. 일단 테마 자체가 확인이 되면, 유사한 치료제를 찾는 작업은 보다 쉬워 진다. 그 테마에 관련이 있는 치료제들만을 고려하기 때문이다. 하나의 예를 들면, 동종의학사들이 "이 환자는 Spider 치료제가 필요하다", 혹은 "저 환자는 Mineral이 필요하다"고 말하는 것이 흔한 일이 되었다. 환자를 특별한 치료제 그룹에 일치시키고 나면, 업무는 사례 증상을 이용하여 그 그룹에 있는 치료제들을 분별하는 것이다.

지금까지 발전된 그룹과 테마는 매우 많으며 변형 되어왔다. 그리고 이들은 서로 다른 동종의학사들이 관심을 반영한다. 여기에서 개인적으로 약간의 경험이 있는 매우 잘 알려진 테마 몇 가지를 언급할 것이다.

The Circle

전통적인 4 원자설에(Earth, Air, Fire and Water) 바탕을 두고 분석하는 체계이다. 이스라엘인 동종의학사인 Joseph Reeves는 이 테마로써 치료제를 연관시키는데 명성을 가지고 있다. 그리고 최근에는 영국의 Jeremy Scherr, David Mundy, Misha Norland 등과 같은 사람들에 발전 되었고 확대되었다.

4 원자설은 상관관계와 보충 관계를 이해하는 것이고, 에너지와 물질 관계를 4가지의 기본 방법으로 나타낸다. 때로는 네 가지 성질(dry, cold, hot and damp)로 지칭되기도 한다. (흥미로운 것은 이 분석 방법이 전통적인 중국 오행설 System과 상당 부분 겹친다는 점이다. 즉, Earth, Water, Metal, Wood, and Fire). 이 개념을 한번 이해하고 나면, 4 원자설에 따라 치료제와 환자를 묘사하는 것이 가능하다. 치료제는 어느 원소가 우세한가! 혹은 부족한가에 따라서 분류 된다. 예를 들어, 이 방법에 의하면 Nat-mur는 Water 성분이 우세하고, Bell.는 그 자체에 더움, 붉음, 열을 가지고 있기 때문에 Fire에 속하는 것이 분명하다.

4 원자설에 바탕을 둔 케이스 분석은 환자의 에너지 질들의 균형을 이해하고, 거기에 해당하는 치료제 혹은 그룹을 찾는다. 4 원자설은 장기, 시스템, 질병, 성격 등 많은 것에 부합하게 확장 되어 왔다. 이것을 잘 이해하는 사람은 증상을 찾는 동종의학에 대해 상당한 이점을 가진다. 치료제를 그룹화 하는 4 원자설과 다른 방법들은 환자 내의 에너지 균형을 이해하는데 골격이 되며, 이른바 에너지 의학을

연구하는 사람들에게는 필수 기술이다.

Planetary Diagnosis

이 방법은 Robin Murphy에 의해서 발전되었고 다듬어 졌다. 4가지 기본 형태에 바탕을 두지 않고 이것은 7가지의 바탕을 가지고 있다. 고대의 7개의 혹성을 대표하며 1주일의 7일에 상응한다. Sun (태양 : Sunday), Moon (달 : Monday), Mars (화성 : Tuesday), Mercury (수성, Wednesday), Jupiter (목성 : Thursday), Venus (금성 : Friday) and Saturn (토성 : Saturday)가 있다. 흥미로운 점은 사람의 생일과 시간이 의해서 결정되는 **고정된 혹성**과 일시적인 영향을 주고 지나가는 **일시적 혹성** 모두를 진단에 사용한다는 점이다. 이 system을 사용하면 상당한 정확성을 가지고 유전된 장기 허약함과 다른 감수성을 진단하고, 또한 기질적으로 발생하는 질환과 다른 원인 때문에 획득될 얻어진 질환을 분별하는데 도움이 된다.

4 원자설과 마찬가지로, 각각의 7개 혹성은 특별한 에너지 형태 혹은 질을 나타내고, 상응하는 넓은 영역을 가지고 있다. 예를 들면, Moon은 두뇌, 위장, 유방 (생리 주기, 임신과 불임); 수면, 어음, 그리고 무의식 영역; 그리고 중독, 불면증, 출혈 그리고 여행병과 같은 질환을 지배하는 것으로 간주된다. 각 혹성은 또한 상응하는 금속과 보석을 가지고 있으며 특별한 형태 에너지와 공명하는 일련의 약초와 동종의학 치료제를 포함한다. 다른 흥미로운 면은 하루의 특정한 시간, 한 주일의 특별한 요일 그리고 인생의 특별한 시기와 관련이 있

어서 우리의 약물학에 존재하는 달리 설명할 수 없는 많은 Modalities를 해명하는데 도움을 줄 수 있다.

사 례

한번은 진단되지 않은 근-골격 계 문제를 가진 사람을 치료한 적이 있는데, 다양한 정도의 사진 무력과 일시적인 통증이 있었다. 증상 그림에 바탕을 두고 몇 가지 치료제를 시도하였으나 효과가 없어서, 환자의 생일과 시간에 상응하는 혹성을 연구하였다. 양쪽 모두에서 Mercury로 나타났다. 이것을 근거로, 그리고 Mercury는 신경계에 친화성을 가지고 있었으므로 상응하는 혹성 금속인 Mercury vivus 6c를 처방 했으며, 환자의 컨디션은 뚜렷하고 지속적으로 호전 되었다.

나의 동료인 Anne Waters는 처방된 약물이 작용하지 않은 만성 류마티스성 관절염을 유사한 방법으로 시도했다. 환자는 금요일에 태어났다. 이것은 토성 에너지와 일치하는 문제를 일으키는 기질을 가졌다는 것을 제시한다. 토성 에너지는 골격계와 관련된 문제를 가지고 조직의 강직성과 퇴화하는 경향이 있다. 그녀는 토성 금속(납)을, Plumbum metallicum과 Plumbum iodatum를 혼합하여 6c potency로 처방했다. 환자는 이 치료제로 상당한 호전을 보았다고 했고, 지금까지 환자가 복용한 치료제보다 훨씬 효과적이었다고 했다. 이 사례에서 알 수 있는 것은 금속 등을 물질들의 잠재적인 치료 능력이 probing에 의해서 나타나는 증상론적 적응증에 항상 한정되지 않는다는 것을 보여 주고 있다.

다른 사례로는 감기약에 반응이 없던 만성적으로 간질거리는 기침을 하는 환자를 본적이 있다. 기원까지 추적하니, 기침은 토요일 시작되었다. 이를 바탕으로 Ceanothus 6c를 처방했고 완치 되었다. 이 치료제가 선택된 이유는 혹성 시스템에서 토성과 관련된 주요 장기는 Spleen이고, Burnett이 그의 저서를 통해 환자가 'splenic cough'를 하는 수 많은 케이스를 본적이 있기 때문이다.

Chakra Diagnosis

다음은 많은 동종의학사들이 유용하다고 하는 Seven Chakra (에너지 센터)가 있다. 이 시스템은 많은 현상들과 이에 상응하는 치료제를 일정한 수의 기본 테마 안으로 그룹화 하는 또 다른 방법이다. Chakra는 인체 에너지 시스템 내부에 존재하고 있으며, 거기에서 생명 에너지는 농축되고 정화 된다. 그리고 이들은 사람의 정신적 상태와 물리적인 육체 사이에 접속 장치 역할을 한다. 각 Chakra는 관련된 내분비선과 연관된 다른 장기, 또한 상응하는 태어난 형태의 감정 에너지를 가지고 있다, 예를 들어, 감정이 억제 되면 그 중심부에 있는 energy 흐름이 차단될 것이다. 그래서 관련된 내분비선과 다른 장기에 상응하는 효과가 나타난다.

비록 Chakra가 수 천년 전에 고대 문서에 기록되어 있었지만, 정신-신경-면역계와 같은 영역이 최근에 마음과 육체가 얼마나 분리될 수 없는 관계인가를 증명하기 시작했다. 물론 동종의학사들은 오랫동안 이들의 상호 관계를 인지하여 왔다. 그러나 Chakra를 잘 알게 되면 동종의학을 좀더 깊이 이해할 수 있다. 에너지 시스템의 해부학과 생리학, Chakra의 중요한 일면인, 동종의학 수련의 일부가 되어야 한다고 있고 있다.

Chakras and Corresponding Remedies

여기에서 polychrest 치료제와 Chakra System과 밀접한 관계가 있다는 것을 몇 가지 보여준다. 분명히 대부분의 치료제는 한 개 이상의 에너지 중심에 영향을 미치지만, 치료제의 작용이 주로 어디에 있는지 이해하는 것은 여전히 도움이 된다.

Chakra	Remedies
Crown	Baryta-carb; Cannabis-indica; Hydrogen
Brow	Anhalonium; Luna; Medorrhinum
Throat	Iodum; Mercurius; Tuberculinum
Heart	Aurum; Ignatia; Natrum-mur; Lachesis
Solar Plexus	Arg-nit; Lycopodium; Nux-vomica; Phosphorus
Sacral	Lac-caninum; Sepia; Staphysagria; Thuja
Base	Arnica; Arsenicum; Gelsemium; Psorinum

사 례

Chakra System 내에서 이상이 있는 위치를 알아냄으로써, 무엇을 치료해야 하는지 그리고 어떤 치료제가 도움이 될 수 있는지 이해하는데 도움이 되는 많은 사례를 보아 왔다. 가끔은 진료하는 동안, 환자들이 약점이 있거나 에너지가 막힌 부위를 대개 손으로 대거나, 팔짱을 끼거나, 다리를 교차시키거나, 혹은 유사한 무의식적 행동으로 방어하는 경향이 있다는 것을 알게 되었다.

내가 기억하는 한 환자는 Solar Plexus Chakra 지역인 그녀의 복부를 가로질러 항상 양손을 굳게 잡았다. 이런 행동은 자신감 상실, 공포 그리고(아마도)분노와 관련이 있다는 것을 할 수 있었다. 문제는 소화 불량, 고창 그리고 여러가지 음식 불내성 등의 육체적인 증상이었다. 모든 level에서 확실하게 알맞은 치료제는 Lycopodium 이었다. Lycopodium은 Solar Plexus Chakra affinity를 가진 대표적인 polychrest 이다.

Chakra system을 이해하면 한 가지 이점이 있는데 환자의 육체적 그리고 감성적 상태 사이에 상호 참조가 가능하다는 것이다. 나는 적절한 치료제에 완치가 되지 않았던 만성 기침을 주소로 내원한 많은 환자를 보았다. Heart Chakra는 폐를 포함하는 흉부 전체에 관련이 있는데 이는 또한 비애・슬픔과 관련이 있으므로, 기록 증상과 정확하게 일치 하지 않아 보이는 경우에서도 Ignatia가 이런 기침을 치료한다는 것을 밝혀냈다. Lycopodium이 Solar Plexus Chakra 와 친화성이 있는 것처럼, Ignatia 역시 Heart Chakra와 친화성 가지고 있으므로 치료제에 반응하지 않았을 때 동등한 치료제로 처방 될 수 있다.

한번은 만성 카타르, 부비동 문제, 그리고 조금의 관절문제로 고통을 겪고 있던 환자에게 Medorrhinum 30을 처방했다. 복용하자마자 그 환자는 매우 생생한 꿈을 꾸었고, 그 후에는 그전에는 전혀 일어나지 않았던 무언가를, 즉 그녀 주위에 사람들이 있는 환영을 보기 시작했다. 이 증상은 나로 하여금 Medorrhinum이 가지고 있는 Brow

Chakra에 대한 친화성을 일깨워 주었다. Brow Chakra는 제 3의 눈이 위치한 곳이다. 이 Chakra는 천리안 그리고 꿈과 관련이 있다. 결과적으로 부비동염 문제와 전두통을 가진 많은 사람들은 Brow Chakra 에너지가 정체되어 있다는 것을 발견했다. Brow Chakra는 잠재되어 있는 천리안 혹은 정신적 민감성과 관련이 있을지도 모른다.

Chakra 친화성에 따라 치료제를 이해하면, 많은 치료제들이 가지고 있을 수 있는 특이한 증상들의 일부를 이해하는데 종종 도움이 된다. 예를 들어, Base Chakra는 생존 문제와 관련이 있으므로 폭력, 상해 혹은 학대의 경험이 있었을 경우에, 즉 사람들이 생존 위협을 느끼는 모든 상황에서, 대개 에너지가 차단된다. Anacardium은 이러한 병력이 있는 사람들에게 종종 사용될 수 있는 치료제이므로, Base Chakra와 친화성 있다는 것을 제시한다. 흥미롭게도, Anacardium의 최고 key-notes 가운데 하나가 직장이 막힌 듯한 느낌이다. 이것은 Brow Chakra에서 에너지가 완전히 막혀 있다는 육체적 증상이다. 인체 Energy System 에 대한 우리의 이해와 지식이 자라나면, Materia Medica에 대한 깊은 이해도 발전할 것이라는 상상을 한다.

Further Reading

A. Judith
Eastern Body, Western Mind
Wheels of Life
Celestial Arts, Berkeley, California

C. Myss
Anatomy of the Spirit
Bantam Books, London

C. Page
Frontiers of Health
C.W. Daniel Co, Saffron Walden, Essex.
Watson
Health & The Planets
Homeopathy & the Chakras
Audiotape sets
Central Homeopathy, Pelsall, Walsall, England

Therapeutics

동의어 : Clinical Prescribing

정 의

Therapeutics는 특정 질환 과정에 임상적 관련이 증명된 것으로 알려진 약물의 그룹 사이에서 분별을 하여 처방에 이르도록 하는 방법을 의미한다.

처방기법

Therapeutics에서는 사람 치료 보다는 질환 과정 자체를 치료하는데 중점을 두고 있다. 그러나 다른 동종의학 기법과 마찬가지로, Therapeutics 방법도 일관된 효과를 나타내기 위해서 질환의 각각의 케이스를 개별화하는데 의존한다. 기본 기법은 질환의 사례를 가능한 완전하게 획득하는 것을 포함하며, 이 목적을 위해서 'CLAMS'가 유용한 도구이다. (see Symptoms). 치료할 질환이 들어있는 Therapeutics book, 혹은 Repertory 그리고 Materia Medica를 참고하면 된다.

대개 몇 개의 약물들이 다소 차이는 있지만 가장 알맞은 약물로 나타나며, 그 케이스의 뚜렷하고 특징적인 증상들은 약물들을 분별하는데 이용된다. 만일 환자의 신체 일반증상이나 정신상태와 관련된 현저한 동반증상이 있다면, 질환의 증상을 커버하는 약물 그룹들 간에 분별성을 종종 제공한다. 경험을 약간 쌓게 되면, 가능성이 있는 상당수의 약물을 배제하고 분석에 있어서 적절한 보다 적은 그룹으로 매우 빨리 좁혀 들어가게 하는 key symptoms을 인식하는 것을 배운다.

모든 Major Polychrest Remedies는 그들의 자체 증상 그림내에서 치료적 유용성의 범위를 포함하고 있어서 상대적으로 작은 'totality of symptoms'을 바탕으로 처방 될 수 있다. 한 예로서, 최근에 감기가 흉부에 까지 내려가서 thick and yellow-green catarrh 증세가 있었으며 아침에는 보다 과다한 양이 나온다고 호소하는 남자 환자에게 Pulsatilla를 주었다. 그 환자에게 최상의 도움을 주어온 Constitutional remedy는 Pulsatilla 보다는 Phosphorus 이었다는 사실을 무시한 채, Pulsatilla는 그 환자의 질환을 즉시 완전하게 관해 시켰다. 가끔 학생들로부터 환자의 성격이나 기질에 맞지 않는 특정한 약물을 줄 수 없다고 언급하는 것을 듣곤 한다. 그러나 Therapeutic situation에서는 기질보다는 질환이 치료되어야 한다는 점을 기억해야 한다. Therapeutics를 잘 사용하는 동종의학 전문가는 또한 익숙한 Polychrests에 대한 선호로 인해 무시된 많은 Smaller remedies를 처방할 기회를 가질 수 있다.

Therapeutics Books

학생이나 의사 스스로의 알파벳 순서로 임상책을 만드는 것은 이익이 되며, loose-leaf type으로 하는 것이 구조의 파괴 없이 쉽게 업데이트 할 수 있다. 이렇게 하는 목표는 관련된 질환에서 가장 흔히 처방 되는 약물의 분별되는 증상을 간결하게 메모하는 것이다. 두통을 예로 들면, repertory under 'Headache'에서 보이는 개개의 약물에 대한 적응증을 쓰는 것 보다는 상위 6개의 약물을 철저히 연구하는 것이 훨씬 유용하다, 왜냐하면 그 rubric 안에는 임상에서 매우 드물게 필요로 하는 약물을 많이 포함하고 있기 때문이다. 또한 임상에서 정상적으로 흔히 만나 볼 수 있는 질환들－두통, 독감, 이・인・후부통 등－부터 시작하여 철저히 연구하는 것이 이치에 맞을 것이다. 경험이 쌓일수록 다른 질환들과 약물들이 추가 될 수 있다.

자신의 therapeutics book의 도움을 이용하여 수십 개의 목통증을 치료하여 보면, 열거된 약물의 필수 특징 대부분을 마음에 새기게 되어, 차츰 책을 참고하는 일이 줄어 들것임을 임상 경험과 함께 알게 될 것이다. 이렇게 하면 처방 속도를 상당히 높이는 이점과 함께, 정보를 모을 때 제외와 분별을 약물들 사이에서 할 수 있으므로 casetaking을 능률적으로 할 수 있다. 일반적으로 치료하는 질환에 대해서 casetaking 할 때 필요로 하는 약물이 'Top 6'에 속하는지 혹은 그 부류에 있지 않은 자주 쓰이지 않은 약물인지를 재빨리 알아 낼 수 있을 정도로 그 질환에 대해서 일정 수준에 이르게 된다. 유연성 있게 - 귀하의 경험에 따라 수정과 업데이트를 해 가면서 - Therapeutics를 사용한다면 이 방법 역시 많은 이점이 있다.

레퍼토리의 유용성

치료를 위해 환자가 내원했는데 그의 symptom-picture가 생소하다면 Repertory를 이용하여 비교가 용이한 작은 그룹의 약물들로 그 선택을 좁혀 들어 갈 수 있다. 질환 진단이 확실하면서도 애매한 점이 없다면, Repertory안에 있는 해당 Rubric은 향후 불필요한 약물을 제외시킬 수 있는 출발선으로 사용 될 수 있다. Murphy's Repertory 는 특정한 각각의 질환에 따라 임상적으로 증명이 된 약물들을 보여 주는 많은 Disease rubrics를 포함하고 있다. 저자가 Therapeutic practice에서 유용하다고 발견한 Rubrics 중에서 'Angina pectoris' (p. 1014), 'Emphysema' (p.1215), 'Measles' (p.708), 'Uterine fibroids' (p.659), and 'Stomach ulcers' (p.1770).을 예로 들 수 있다. 이런 임상적인 Rubrics와 스스로 친밀하여 지는 것은 가치가 있으며 필요로 할 때 쉽게 이용할 수 있을 것이다.

적용시기

이 방법은 질환 진행의 특징이 확실하여 우선 치료되어야 할 것이 질환이어야 하는 어떠한 상황에서나 유용하게 쓰일 수 있다. 시간을 절약하는 효과적인 하나의 방법이므로 특히 급성질환이나 응급상황에 적합하다. 그러나 만성병리적 상태 역시 이 방법으로 성공적으로 치료할 수 있다.

Therapeutics는 Specifics와 마찬가지로 일반 의사, 약사, 그리고 제한된 시간이라는 구속 안에서 많은 환자를 보아야 하는 사람들에게 이용될 수 있는 유일한 처방 기법이기도 하다.

일정한 수준의 개별화가 주어진다는 조건하에서는 치유 결과를 얻을 수도 있으며, 그렇지 않다면 다른 약물들을 복용할 수도 있는 많은 환자들을 동종의학으로 도움을 줄 수 있다. 이 방법에서는 환자가 호소하는 문제에 중점을 두고 있고 많은 사람들이 그들 스스로가 이 방법에 매우 쉽게 접근할 수 있다는 것을 알 수 있으므로, Therapeutics는 Allopathic medicine과 Constitutional homeopathy 사이에 중요한 다리 역할을 한다.

사 례

사례 1

과거에 기질 치료를 받아 왔으며 그 동안 매우 반응이 좋았던 여자 환자로부터 좌측 슬 관절을 침범한 갑작스러운 Bursitis를 호소하는 전화를 받았다. 무릎 관절은 심하게 부어 있으며 몹시 괴로운 통증이 있었으므로 좌측 무릎 쪽으로 체중을 실을 수 없었다. 환자는 거의 실신할 정도의 통증을 느꼈다. 이미 Belladonna and Rhus tox. 을 복용하였으나 어느 약물도 효과가 없었다. 개인 주치의는 상당한 양의 액체를 부어 있는 관절로부터 뽑아냈으나 어떠한 호전도 없었다. Remedy picture를 명확하게 하기 위해서 좀더 꼼꼼하게 질문을 했다.

밝혀 낼 수 있는 한도 내에서는 질환의 명백한 원인은 전혀 없었다. Chief modality는 다리 쪽에 무게가 실리도록 누우면 악화 되었고 통증이 누운 쪽으로 이동하는 것 같다고 말했다. 또한 다리를 침대 한쪽 측면으로 걸치면 약간의 증상 호전이 있지만 잠시 뒤에는 통증이 걸친 다리 쪽으로 이동하는 것 같다고 했다. 이런 경우에 Bryonia, Apis, Ruta, and Pulsatilla등이 고려된다. 다친 부위 쪽으로 누울 때에 악화된다는 것은 Bryonia는 제외되며, stinging pain이 없고 temperature modality에 맞지 않으므로 Apis를 제외할 수 있다. Ruta에서는 다친 부위에 대한 affinity는 있지만 modality를 발견할 수 없었다.

Shifting and wandering pain과 aggravation from hanging the affected part down을 고려해서, 저자는 Pulsatilla를 매 2시간 마다 복용토록 했다. 하루 안에 부종은 상당히 감소했고 통증은 거의 없어졌다. 그리고 다음 수일에 걸쳐서 몇 번 더 복용하면서 그 여자 환자는 완전히 회복되었다.

사례 2

3주 동안 우측 손의 1,2,3 번 손가락에 빈번한 심한 통증이 있었고 가끔은 욱신거리는 증상으로 고통을 받아온 여자환자가 있었다. 생선 튀김 가게에서 일했으며 물건을 들어 올릴 때 우측 손을 매일같이 사용했다. 진단명은 Carpal tunnel syndrome 이었으며 의사로부터 수술만이 유일한 해결책이라고 들었다. 환자의 건강 상태는 전반적으로 양호했다.

이번 증례는 처방에 고려해야 할 general 혹은 constitutional symptoms이 없으므로 Therapeutics approach에 이상적인 케이스이다. 그러므로 문제 부위에 초점을 맞추어 유사 약물을 찾아내는 것이 필요하다. 그렇다면 고려되어야 할 요인들 가운데 첫 번째는, Affinity이다. Fibrous tissues and nerves에 affinity를 가지고 있는 Rhus tox, Ruta, Hypericum and Bryonia가 고려되어야 할 약물들이다. 두 번째는, 문제의 본질-이 사례에서는 인대에 의한 신경 압박-인데 특히 Rhus tox and Ruta가 특히 고려된다. 세 번째로, 'likely causation'-이 케이스에서는 overuse of the part-을 고려하면 역시 Rhus tox and Ruta가 가장 강력하게 고려의 대상이 된다. 그러나 aggravation from first motion과 같은 Rhus tox 특유의 modality가 없으므로 Ruta가 전반적으로 최선의 선택으로 보인다. Ruta는 또한 고려 대상이 된 다른 약물에 비해서 ligaments에 대해서 보다 강력한 affinity를 가지고 있다고 알려져 있다.

이를 바탕으로, Ruta 50M, one dose를 처방 했으며, 24 시간 내에 모든 것을 관해 시켰다. 이 글을 쓸 즈음까지 (대략 3년 뒤까지) 재발은 없었으며 환자의 전반적인 건강도 우수하게 유지되었다.

사례 3

여자 환자가 내원했는데 일주일간 지속된 좌측 흉곽을 가로지르는 Shingles(대상포진)가 주소였다. 처음엔 blisters가 있었는데 점차 little scabs를 형성했다고 한다. 병변은 가려웠고, 예리하면서도 칼로 찌르는 듯한 통증이 있었는데, 움직일 때마다 통증이 심해졌다. ***Tyler' Pointers to the Common Remedies***를 참고하여 Arsenicum, Mezereum, Ranunuculus bulbosus, and Rhus-tox 가 비교 대상으로 연구됐다. 위치적으로는 Ranunuculus bulbosus 가 가장 특징적 이었고, 수포, 가피 그리고 움직임에 악화되는 통증들의 배합상 이 약물이 일치했다. 결과적으로, 환자에게 Ranunuculus bulbosus 10M, 3 doses을 처방 했으며 모든 증상은 48시간 이내로 가라앉았다.

Further Reading

아래에 열거된 책들은 이해가 쉬운 Therapeutics books의 일부인데, 각 책자들은 많은 질환에 대해서 나름대로의 차이점을 가지고 있다. 또한 Asthma, Cancer, Children's diseases, Heart disease와 같은 특이한 주제에 대해서 초점을 맞춘 수백개의 도움이 되는 연구 결과들이 있다. 그들 가운데는 복제품들이 많이 있으므로 구입하기 전에 내용을 대강 훑어보기를 바란다.

J.H. Clarke
The Prescriber
C.W. Daniel Co. Ltd., Saffron Walden, Essex

S. Lilienthal
Homeopathic Therapeutics
Jain Publishing Co., New Delhi, India
R. B. Bishamber Das
Select Your Remedy
Vishwamber Free Homoe Dispensary, New Delhi, India

J. N. Shinghal
Quick Bed-Side Prescriber
B. Jain Publishers Ltd, New Delhi
V. H. Merani
The Practitioner's Handbook of Homeopathy
Jain Publishing Co., New Delhi, India

M. L. Tyler
Pointers to the Common Remedies
The British Homeopathic Association, 27a Devonshire Street, London

Further Reading

W. A. Dewey
Practical Homeopathic Therapeutics
Jain Publishing Co., New Delhi, India

T. S. Hoyne
Clinical Therapeutics
Jain Publishing Co., New Delhi, India

E. A. Farrington
Clinical Materia Medica
Jain Publishing Co., New Delhi. India

R. Morrison
Desktop Companion to Physical Pathology
Hahnemann Clinic Publishing, Nevada City. U.S.A.

참고문헌

Aetiologies

1. J. T. Kent
   Repertory of the Homeopathic Materia Medica
   Jain Publishing Co., New Delhi, India
2. M. Tyler
   Homeopathic Drug Pictures
   C. W. Daniel Co. Ltd. Saffron Walden, Essex
3. H. C. Allen
   The Materia Medica of the Nosodes
   Jain Publishing Co., New Delhi, India
4. J. H. Clarke
   The Prescriber
   Health Science Press, C. W. Daniel Co. ltd, Saffron Walden, Essex

Arborivital Medicine

1. R. T. Cooper
   Cancer and Cancer Symptoms, Chiefly Arborivital Treatment
   C. Marten, Wigmore Street, London; Second Edition, 1900
2. R. T. Cooper
   Arborivital Medicine: The Doctrine of Signatures from a Modern Point of view
   Homeopathic World, June 4. 1898, page 266

3. R.T. Cooper
Cancer and Cancer Symptoms
C. Marten. Wigmore Street. London; Second Edition, 1900
4. R. T. Cooper
Cerebra-spinal Rhinorrhea
Homeopathic World, November 1, 1899, page 489

Constitutional Prescribing

1. J. T. Kent
Lectures on Homeopathic Philosophy
Lesser Writings
Jain Publishing Co., New Delhi, India

Genus Epidemicus

1. S. Hahnemann
Organon of Medicine; 6th Edition, paras. 100-103
Jain Publishing Co., New Delhi, India
2. H.C. Allen
Materia Medica of the Nosodes
Jain Publishing Co., New Delhi, India
3. J. T. Kent
Lectures on Homeopathic Materia Medica, page 490
Jain Publishing Co., New Delhi, India
4. M. L. Tyler
Homeopathic Drug Pictures, page 695-696
C. W. Daniel Co., Ltd., Saffron Walden, Essex

Intuitive Prescribing

1. The Homeopath
Journal of The Society of Homeopaths,
letters to the Editor: Issue No. 74
2. The Bailey Flower Essences
7/8 Nelson Road, Ilkley, West Yorks., LS29 8HN

Isopathy

1. S. Hahnemann
Organon of Medicine,
Trans. From the 5th & 6th Edition by R. E. Dudgeon

Jain Publishing Co., New Delhi, India

Miasmatic Prescribing

1. J .H. Clarke
   The Prescriber. Page 54
   C.W. Daniel Co. Ltd., Saffron Walden, Essex
2. D.M Foubister
   Tutorials in Homeopathy
   Beaconsfield Publishers
3. Rima Handley
   A Homeopathic Love Story. Chapters 9 and 10
   North Atlantic Books, Berkeley, California, U.S.A.
4. Gurudas.
   Flower Essences and Vibrational Healing
   Brotherhood of life, Inc., Albuquerque, New Mexico, U.S A.
5. H.L. Coulter
   AIDS and Syphilis - The Hidden Link
   North Atlantic Books, Berkeley, California, U.S.A.

Organ Remedies

1. K. P. Muzumdar
   Transactions of the 32nd International Homeopathic Medical Congress, India, 1977
   Page 64

Physical Generals

1. J. T. Kent
   How to Use the Repertory
   Reprinted in front section of ***Kent's Repertory of the Homeopathic Materia***
   Medica
   Jain Publishing Co., New Delhi, India

Polypharmacy

1. Rima Handley
   A Homeopathic Love Story

North Atlantic Books. Berkeley. California. U.S.A.

2. J. H. Clarke
Dictionary of Practical Materia Medica, page 1625
C. W. Daniel Co., Ltd., Saffron Walden, Essex

Symptom Similarity

1. S. Hahnemann
Organon of Medicine (6th Ed.)
Jain Publishing Co., New Delhi, India
2. Ibid.
Paragraph 153

Tautopathy

1. H. L. Coulter
Homeopathic Science and Modern Medicine; page 60
North Atlantic Books, California, U.S.A.

번역후기

독일 출신의 의사였던 하네만(S.C. Hahnemann)에 의해 동종의학(Homeopathy)라는 하나의 의학 체계가 세워진 이래로 그 동안 많은 양적, 질적 발전을 거듭하여 왔다. 그리고 2000년대에 들어서면서 대한민국에서도 이 새로운 의학체계를 발전시키려는 노력들이 있는 것으로 알고 있다.

이 책은 영국 동종의학계 내에서 영향력이 있으며 경험이 풍부한(Ian Watson)에 의해서 1990년대 초에 처음 출판된 책이다. 이 책은 동종의학을 연구하고 있는 전문가들이나 학생들이 한번 정도는 읽어보는 중요한 책인데(표지가 녹색이라 '그린 북'으로 통함) 주로 분석과 처방 기법에 대한 다양한 접근 방법을 묘사하고 있으며 상당한 수의 케이스를 보여 주고 있으므로 개괄적으로 이해하는 데에 큰 도움이 될 것이라고 생각한다. 그러나 이외에도 많은 의견들이 있으므로 다른 서적들을 탐독하고 케이스들을 스스로 연구하여 배우고 익힌 지식을 실전 경험을 통하여 선배들의 경험을 체득하고 효과를 증명하는 것이 무엇보다 중요하다.

현재 표준화된 동종의학 번역용어가 없어서 번역상에 오류가 있더라도 양해하여 주시기 바라며 연락을 주셔서 수정, 보완하는데 도움을 주시면 감사하겠습니다. 환자들을 위하여 동종의학 연구에 전력을 기울이시는 모든 선배, 동료 선생님들께 서로에게 격려를 나누고 싶습니다. 개인적으로 동종의학이라는 새로운 학문의 길로 첫발걸음을 인도해 주신 이성재 교수님께 감사의 말씀을 지면으로나마 드리고 싶습니다.

멀지 않은 미래에 한국인이 특성과 언어 표현이 담긴 동종의학 서적들이 많이 출판되고 또한 훌륭한 동종의학 전문가들이 많이 양성되어 질환으로 고통 받는 환자들에게 또 하나의 빛이 되기를 간절히 기원하고 소망합니다.

2007년 영국 런던에서

가정의학 전문의 김정곤

연락처 : hahne@naver.com

동종의학 분석 및 처방가이드

2006년 12월 25일 1판 인 쇄
2007년 1월 5일 1판 발 행

저 자 : Ian Watson
역 자 : 김 정 곤
발 행 자 : 최 병 진

정가 / 15,000

발 행 처 : 도서출판 **고 려 의 학**
(110-524) 서울시 종로구 명륜 4가 91
Tel. 765-0333 / 0337
Fax. 743-2288

ISBN 89-7043-523-9
등록번호 : 제 1-519호 1978. 6. 29.